U0159972

集中隔离医学观察点快速建造指南

陕西建工控股集团有限公司　主编

中国建筑工业出版社

图书在版编目（CIP）数据

集中隔离医学观察点快速建造指南 / 陕西建工控股
集团有限公司主编 . —北京：中国建筑工业出版社，
2022.7
ISBN 978-7-112-27610-3

Ⅰ.①集… Ⅱ.①陕… Ⅲ.①传染病—隔离（防疫）—
医院—建筑工程—指南 Ⅳ.①TU246.9-62

中国版本图书馆 CIP 数据核字（2022）第 128887 号

本指南以设计、施工、运维等全过程建造为主线，采用图文并茂的形式，
系统归纳了集中隔离医学观察点快速建造经验及创新做法，具有较强的指导性、
针对性和可操作性。本书附录部分的附件可扫描以下二维码观看。

责任编辑：朱晓瑜　封　毅
责任校对：李美娜

集中隔离医学观察点快速建造指南
陕西建工控股集团有限公司　主编

*

中国建筑工业出版社出版、发行（北京海淀三里河路 9 号）
各地新华书店、建筑书店经销
华之逸品书装设计制版
天津图文方嘉印刷有限公司印刷

*

开本：880 毫米×1230 毫米　1/32　印张：9⅛　字数：226 千字
2022 年 8 月第一版　2022 年 8 月第一次印刷
定价：**74.00** 元
ISBN 978-7-112-27610-3
（39625）

本书编委会

主编单位：陕西建工控股集团有限公司

参编单位：陕建设计院

陕西建工第一建设集团有限公司

陕西建工第三建设集团有限公司

陕西建工第五建设集团有限公司

陕西建工第八建设集团有限公司

陕西建工设备安装集团有限公司

陕西建工机械施工集团有限公司

陕西古建园林集团有限公司

陕西建工铁建工程有限公司

陕西建工控股集团未来城市创新科技有限公司

主要起草人员：

董军林　李延申　张小源　胡晨曦　白鸽子

严　石　刘铁梅　吴　康　刘　伟　杨　斌

侯延松　余大洋　周晓春　文　焕　李玮阳

胡　辉　周博文　张亚东　王　蓉　王　勋

周　拓　段宏杰　韩晓玲　房海峰　冯　璐
王　龙　李夏溪　周治远　张继嵩　韩国定
卜延渭　赵文英　祁超贤　张　涛　庞肖飞
欧保华　孟　琪　俱军鹏　王西宁　张勇为
刘存军　徐岩军　吴熊熊　高军礼　张　勇

主要审查人员：

毛继东　刘明生　杨海生　刘小强　章贵金
吴纯玺　莫　勇　黄永根　时　炜　齐伟红
王巧莉　李西寿　杨　斌　郑娅荣　黄海龙
李家卫　冯　弥　章　辉　张　华　罗宝利
王安华　苏宝安

序　言

2021年12月，新冠肺炎疫情突袭古城西安，面对集中隔离医学观察点紧急建设任务，陕西建工控股集团积极践行习近平总书记关于疫情防控工作的重要指示和批示精神，在陕西省委、省政府及西安市各级党委、政府的坚强领导下，临危受命，迅速集结4万余名建设者、35支参建队伍，"七天七夜"高质量完成6处集中隔离医学观察点的建设任务和58家隔离酒店、1个隔离社区的改造任务，提供防疫用房18204间，为阻断疫情传播、打赢西安疫情防控阻击战作出了积极贡献，交出了一份优异答卷。

在"生命至上，举国同心，舍生忘死，尊重科学，命运与共"的伟大抗疫精神感召下，我集团用自己的实际行动向伟大的"抗疫精神"致敬，全方位展示了"陕建精神""陕建力量""陕建担当"，也极大地增强了广大职工的自豪感、凝聚力和向心力，这必将激励我们在高质量发展的新征途上披荆斩棘、奋勇前进。

生命重于泰山，疫情就是命令，防控就是责任。在这场同时间赛跑、与病魔竞速的殊死较量中，我们通过对西安集中隔离医学观察点项目的快速建造及运维，及时总结编制了《集中隔离医学观察点快速建造指南》。

　　本指南以设计、施工、运维等全过程建造为主线，采用图文并茂的形式，系统归纳了集中隔离医学观察点快速建造经验及创新做法，具有较强的指导性、针对性和可操作性。

　　希望此书的出版，可以为此类应急工程建设提供一些借鉴经验，共同携手提高应急工程项目建造标准和水平，切实为保障人民群众生命财产安全作出积极贡献和新的探索。

陕西建工控股集团有限公司董事长　张义光

2022年6月16日

前　言

为应对新冠肺炎等突发公共卫生事件，着力解决好集中隔离医学观察点项目的选址、设计、施工及运维中出现的协调难、隐患多、时间紧、任务重等难点，力争实现项目标准化、规范化和智慧化快速建造，结合集中隔离医学观察点项目建造经验，陕西建工控股集团有限公司编制了《集中隔离医学观察点快速建造指南》（以下简称"指南"）。

本指南共分10章，主要内容有：总则、术语、基本要求、规划与设计、施工组织与管理、疫情防控、后勤保障、商务管理、后期运维及附录等。

本指南较为系统地阐述了集中隔离医学观察点快速建造的管理方法和施工工艺，以及国家、省、市有关法律法规、行业标准规范和疫情防控等相关要求，力求实现安全性、适用性、可操作性和经济性相结合，打造"快速建造"特色，全面实现项目功能需求。

本指南在编制过程中，得到了中建西北设计院、中联西北设计院、西安建筑科技大学等设计院、高校和业内专家的大力支持和悉心指导，在此表示衷心的感谢！同时，由于编制时间仓促、技术资料收集不全、研究深度不够等原因，指南中难免存在一些错误和不足之处，敬请各位专家及同仁多提宝贵意见，给予批评指正，以便后续修订完善和升级，全面提升集中隔离医学观察点快速建造标准和水平，为应对同类公共卫生事件和维护人民生命财产安全作出新贡献。

目　录

1 总　则

1.0.1　为了加强突发公共卫生事件应急工程项目的建造与运维，力争实现项目标准化、规范化和智慧化快速建造，根据相关法律法规、行业标准和疫情防控有关要求，结合同类工程项目建造经验，制定本指南。

1.0.2　本指南适用于集中隔离医学观察点项目的快速建造及运维全过程。

1.0.3　集中隔离医学观察点项目的快速建造除应符合本指南外，尚应符合国家、地方、行业现行有关标准规范的规定。

2 术 语

2.0.1 集中隔离医学观察点 centralized isolation medical observation point

集中隔离医学观察点是按照国家卫健委发布的《新型冠状病毒肺炎防控方案（第八版）》和《新冠肺炎疫情社区防控方案》等有关要求，为应对新型冠状病毒感染肺炎（COVID-19）等传染性强、传播速度快、传播途径多样且具有隐匿性的公共卫生事件而设立或新建的集中隔离场所。用于集中隔离管理被判定为确诊病例、疑似病例、无症状感染者的密接者及其密接的密接、入境人员以及根据防控工作需要应隔尽隔的其他人员。与新冠肺炎等传染疾病救治定点医院形成有效运转的管理和服务双"闭环"，实现"应隔尽隔、应治尽治"，彻底切断转播途径，保障广大群众的健康和生命安全的重要设施。

2.0.2 应急医疗设施 emergency medical facility

为应对突发公共卫生事件、灾害或事故快速建设的能够有效收治其所产生患者的治疗设施。

2.0.3 隔离区 quarantine area

隔离区是指医学观察区，包含隔离人员居住的房间、服务间、医疗废物暂存间、污水处理设施等。可根据需要设置相关医疗功能用房及其配套用房。卫生安全等级划分为污染区。

2.0.4 卫生通过区 transition area

卫生通过区是指位于隔离区域与工作准备区域之间的缓冲区域，包括工作人员由工作准备区域进入隔离区域的通道，由隔离区域返回工作准备区域时开展必要卫生安全准备工作的用房和相关设施及通道，以及物资由工作准备区域进入隔离区域的通道。卫生安全等级划分为半污染区。

2.0.5 工作准备区 preparation area

工作准备区包含生活区和物资保障供应区，指工作人员开展准备工作及休息的区域，包括办公室、值班室、库房、配餐间、工作人员宿舍等用房。

2.0.6 清洁区 cleaning area

未被病原微生物污染的区域。

2.0.7 半污染区 semi-cleaning area

可能被病原微生物污染的区域。

2.0.8 污染区 contaminated area

被病原微生物污染的区域。

3 基本要求

3.0.1 集中隔离医学观察点建设应采用工程总承包管理模式，成立项目指挥部，统筹策划、立项、勘察、设计、施工、运维、防疫等全过程管理和资源保障。

3.0.2 集中隔离医学观察点在建造和运维过程中，应做到策划先行，再通过样板引路后全面实施，并严格按样板控制。

3.0.3 集中隔离医学观察点选址宜选择地势平坦、水文地质条件较好、交通便利、远离居民区的场地，减少地基处理时间，可优先考虑使用停车场、货场等已完成硬化且有一定市政配套设施的场地。

3.0.4 建设单位、勘察单位、设计单位、施工单位应共同对建设场地水文地质情况进行实地踏勘。结合周边既有建筑了解地基处理经验及基础形式，对存在特殊要求的工程，尚应了解相似场地同类工程的施工经验和使用情况。

3.0.5 施工前应调查临建建筑、地下工程、道路及其配套管线和施工场地周边环境情况。

3.0.6 集中隔离医学观察点规模取决于应急响应期间分流转运至本应急隔离场所的隔离人数。

3.0.7 施工单位应当具有相应的资质。工程质量验收人员应具备相应的执业资格。施工现场应具有必要的施工技术标准、健全的质量管理体系和工程质量检测制度，实现施工全过程质量控制。

3.0.8 应按照批准的工程设计文件和施工技术标准进行施工。施工应编制施工组织设计或施工方案，经批准后方可实施。与道路同期施工，敷设于道路下的管线等构筑物，应按先深后浅的原则与道路配合施工。施工中应保护好既有及新建地上、地下管线及构筑物。

3.0.9 集中隔离医学观察点箱式房的安装顺序一般为基础施工及验收，箱式房组装、运输，箱式房吊装安装、穿插水电管线安装，箱式房的房间连接、室内装饰与设备安装。

3.0.10 箱式房施工过程中应合理安排吊装顺序，按照轴线位置及标高，对每个单元内部进行依次吊装，防止出现大尺寸积累偏差。吊装前精确控制支墩顶面标高位置；吊装过程应精确控制每个箱体位置及标高，适时进行调整，防止出现较大的累计偏差，同时可对基础施工边界拼装误差产生的偏差量提前预估，以提高安装精度。

3.0.11 集中隔离医学观察点应满足启用期间应急运行需求，实现工作准备、卫生通过、隔离、物资保障供应、医疗废弃物暂存、污水消杀处理等功能要求。

3.0.12 隔离房间应当具备通风条件，有可开启外窗，外窗开启宽度不应超过10cm，满足日常消毒措施的落实。隔离房间须安装门磁报警系统。房间内及楼层的卫生间均配备肥皂或洗手液、流动水和消毒用品。每个房间在卫生间和生活区各放置一个垃圾桶，桶内均套上医疗废物包装袋。

3.0.13 集中隔离医学观察点启用期间，应快速配齐工作人员，落实对外封闭管理、内部规范管理、清洁消毒和垃圾处理、环境监测等措施，并做好服务保障和心理辅导。

3.0.14 隔离点内设施应便于消毒，地面等应去除地毯等软装织物或铺设一次性光面地垫，以利于清洁消毒。

3.0.15 隔离点的走廊宜具备自然或机械通风条件。

3.0.16 隔离区域的垃圾应集中转运、集中处理，有专门的医疗废物进出通道，能满足垃圾收集、转运的要求。

3.0.17 医疗废弃物暂存间不应设置在隔离区人员居住的楼层，宜设置在隔离楼宇外，且医疗废弃物暂存间的地面与墙裙均应采取防昆虫、鼠、雀以及其他动物侵入的措施。

4 规划与设计

4.1 选址与规划布局

为满足集中隔离医学观察点在运行服务期间的隔离安全性、应急可靠性，应综合考虑布局方位、临近设施、安全避邻、场地条件和环境特点五个方面进行选址，合理利用现有资源，遵循影响面最小、安全性最高的原则。

4.1.1 布局方位

集中隔离医学观察点场地宜位于常年主导风向为下风向的城市郊区或城市边缘，临近城市主次干道，与应急服务对象所在区（县）、机场口岸等交通联系便捷，便于人员和物资转运。

4.1.2 临近设施

集中隔离医学观察点场地宜临近传染病医院、定点救治医院、核酸检测机构、应急物流配送中心，并应满足安全隔离和防护距离要求，且不得在医疗机构、地下空间内设置隔离医学观察点。场地选取应充分利用城市现有的供水、供电、排污、通信、供暖、消防等基础设施，保障集中隔离医学观察点的可靠运行。

4.1.3　安全避邻

集中隔离医学观察点场地选择安全避邻应符合以下规定：

1　远离（≥50m）城市水源地、地质灾害多发区、具有爆炸或火灾风险的工业仓储地段等特殊区域；

2　远离（≥50m）存在卫生污染风险的生产加工区域；

3　远离（≥50m）城市污水处理厂、热电厂、垃圾转运站、垃圾焚烧厂等潜在污染源；

4　远离（≥50m）大型客运枢纽设施等人口密集区域；

5　远离（≥50m）幼儿园、学校、老年人照护设施等易感人群场所。

4.1.4　场地条件

选址规划时应当相对独立，宜选用地势较高、场地平整且地质结构稳定性良好的相对独立地块，可优先选用现有停车场、物流园等已硬化场地，场所与周边建筑应设置≥20m的绿化隔离带，当不具备绿化条件时，其隔离间距应≥30m，场地至少一侧与城市主次干道相邻，便于施工建设和响应期间道路交通组织，宜预留扩展用地作为远期应急需求。在场所外围设置明显的警示标识。

4.1.5　环境特点

集中隔离医学观察点场地宜位于环境安静、居住舒适地段，便于发挥自然环境心理疏导作用，缓解稳定隔离人员情绪。

4.2 总平面设计

4.2.1 总平面设计要求

1 应合理进行功能分区，洁污、医患、人车等流线组织应清晰，并应避免院内感染；

2 主要建筑物应有良好朝向，建筑物间距应满足卫生、日照、采光、通风、消防等要求；

3 宜留有可发展或改建、扩建用地；

4 对废弃物妥善处理，并应符合国家现行有关环境保护的规定；

5 园区出入口不应少于两处；

6 对涉及污染环境的医疗废弃物及废污水，应采取环境安全保护措施，设医疗废弃物暂存点及污水消杀处理点。

4.2.2 车辆停放场地设计

园区内应分区设置救护转运车停车场、物资装卸场地、小型机动车停车场，各类停车场宜设置在地面。

1 停车配建指标

1）转运救护车配置标准：按照每50间隔离房间配置1辆救护车；

2）停车位计算标准：停车位数量为建筑总面积的0.3%。

2 停车场地设计

1）地面停车场地应平整、坚实、防滑，并满足排水要求，排水坡度不应小于0.3%，且不应超过0.5%，以免发生溜滑；

2）地面停车场宜设置在行车方便处，与隔离区建筑外墙面保持一定距离；

3）救护车停车场应独立设置，方便车辆进出。

3　停车配套设施

1）停车场应划设停车线、停车分区和停车方向引导指示标志；

2）停车场应设置视频监控设施，且无监控死角；

3）停车场应设置照明和排水系统。

4.2.3　物资装卸场地设计

1　物资装卸场地地面应平坦、坚固，坡度不大于2%，并应有良好的排水设施。

2　物资装卸场地应保证装卸人员及车辆的活动范围和安全距离。

3　物资装卸场地应根据车辆类型进行设计，中型汽车装卸场地不宜小于10m×4.5m，轻型汽车装卸场地不宜小于8m×4m。

4　物资装卸场地应有良好的照明装置，应根据需要设置消防和防护设施、遮挡雨雪设施，以及必要的服务设施。

4.3　建筑设计

4.3.1　建筑设计总则

1　集中隔离医学观察点设计应遵循以下原则：

1）设计应采用装配式建造方式及单元式、模块化结构，做到环境安全、结构安全、消防安全、质量可靠、经济合理。为隔离人员提供方便实用的生活居住环境，为工作人员提供安全便捷的工作环境。

2）主要建筑平面布置、结构形式和机电设计，应为今后发展、改造和灵活分隔创造条件。建筑设计和材料选择应统筹考虑设施回收利用和场地恢复措施。

3）设计应采用装配式建造方式及单元式、模块化结构，做到环境安全、结构安全、消防安全、质量可靠、经济合理。为隔离人员提供方便实用的生活居住环境，为工作人员提供安全便捷的工作环境。

4）主要建筑平面布置、结构形式和机电设计，应为今后发展、改造和灵活分隔创造条件。建筑设计和材料选择应统筹考虑设施回收利用和场地恢复措施。

4.3.2 建筑功能分区及布局

1 功能分区

根据《医学隔离观察临时设施设计导则（试行）》中医学隔离观察临时设施设置分区为"隔离区、工作准备区、卫生通过区"，结合实际需求合理设置"三区两通道两点"。

1）"三区"指工作准备区、卫生通过区、隔离区，不同区域之间应有严格分界，采取物理隔断方式进行隔离，并设置明显标识。各区域内的功能用房设置见表4-1。

2）"两通道"指工作人员通道和隔离人员通道。两通道不能交叉，尽量分布在场所两端，并设置明显标识。具备条件的观察点，可根据实际情况将医疗废弃物、垃圾清运通道与隔离人员进出的通道分开。

3）"两点"指医疗废弃物暂存点和污水消杀处理点。应在观察点设置医疗废弃物暂存点，安排专人管理，并设有明确警示标识。按《医疗废弃物管理条例》和《医疗卫生机构医疗废物管理办法》的规定，每日及时清运。

三区功能设置表　　　　表4-1

工作准备区	卫生通过区	隔离区
办公室 值班室 监控室 工作准备用房 工作人员宿舍 医用物资库房 设备机房 餐饮设施及配套 出入口管理	更衣室 淋浴间/卫生间 缓冲间 配套用房	检录办公 医疗用房 服务间 管理用房 配套用房 医疗废弃物暂存点 污水消杀处理点 隔离单元 物资库房

2 功能分区面积

集中隔离医学观察点建设规模如表4-2所示。

720间隔离病房规模　　　　表4-2

序号	功能分区	功能用房	面积（m²）
1	工作准备区	办公室、值班室等综合办公	722.38
2		工作人员宿舍	1444.76
3		医疗物资库房及其他库房	180
4		餐饮设施及配套	722.38

续表

序号	功能分区	功能用房	面积（m²）
5	工作准备区	设备用房	90
6	卫生通过区	更衣间、淋浴间、缓冲间等	200
7		检录办公	1444.76
8		隔离病房	18301.1
9	隔离区	医护服务用房	324
10		配套用房	324
11		物资库房	180

3　园区建筑布局及要求

1）建筑布局（图4-1）

（1）功能布局一般分为隔离区、工作准备区及卫生通过区。隔离区为疑似患者的隔离观察区，其中还包含检录办公、隔离者生活垃圾转运点及医废垃圾存放点；工作准备区为工作人员的住宿、餐饮、办公及后勤保障区；卫生通过区为工作人员进入隔离区的准备区及物资由工作准备区进入隔离区的通道。

（2）平面布置隔离区同工作准备区间隔距离不小于20m，卫生通过应设置于隔离区与工作准备区之间的区域。

（3）平面布置应严格按照传染病医院的流程进行布局。划分为清洁区、半污染区与污染区；其中工作准备区应设置在清洁区；卫生通过区应设置在半污染区；隔离区应设置在污染区，此区还设有生活垃圾转运点、医废垃圾暂存点、检录大厅。

（4）在清洁区与半污染区之间应设置医护人员卫生通过区，用于换鞋、脱衣、穿防护服；半污染区与污染区之间设置医护人员二次卫生通过区，用于穿戴隔离服、护目镜、手套。

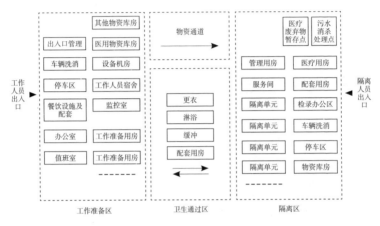

图4-1　园区建筑布局示意图

2）隔离区平面布局要求

隔离区建筑应根据隔离人员的情况进行A/B类平面布局：

（1）A类隔离用房，宜采用外廊式单侧病房布局（图4-2）。

（2）B类隔离用房，宜采用内廊式双侧病房布局，并满足以下要求：

a.隔离单元层数不宜超过2层；

b.隔离单元应相对独立，相互间距不宜小于12m；

c.隔离房间应采用单人间，房间内设置卫生间、洗浴等基本卫生洁具设施，卫生间宜靠外墙布置。每个隔离房间使用面积不宜小于14m²。

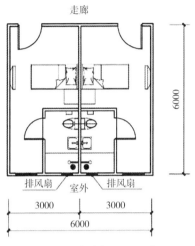

图4-2 隔离房间平面示意图

3）卫生通过区平面布局要求

卫生通过区位于隔离区与工作准备区之间，是工作人员由工作准备区进入隔离区、由隔离区返回工作准备区时开展必要卫生安全准备工作的用房及相关设施（图4-3），以及物资由工作准备区进入隔离区的通道，设计时应注意：

（1）宽度应满足人员和物资运输双向通过的要求，并满足工作人员更衣、换鞋、洗手等卫生安全准备工作需要；

（2）长度应满足运行不受阻及运送工具轮子走动式去污、消毒的需求。

4.3.3 建筑流线布置

1）建筑流线组织要点

①流线设计应严格遵循卫生安全等级，严格划分工作人

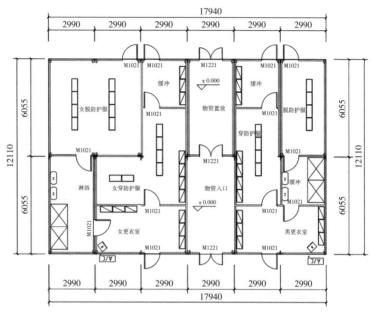

图4-3 医护人员通过间平面示意图

员与患者的交通流线，清洁物流和污染物流分设专用路线，各种流线严禁交叉。

②隔离者和工作人员应分别设置独立的室外进入流线，隔离者、工作人员流线应采用进入与离开原路往返的模式，以降低交叉感染的风险，并便于对不同人群进行管控。隔离人员出入口处应有大巴车停靠落客的场地，并应设雨雪遮蔽设施。应严格控制隔离者在隔离房内的活动范围。

2）流线布置

①隔离者进入：隔离人员通道进入→检录办公区→隔离走廊→隔离房间。

②隔离者离开：隔离房间→隔离走廊→检录办公区→离开。

③工作人员进入：工作人员通道进入→工作准备区→卫生通过区→隔离走廊→隔离房间。

④工作人员离开：隔离房间→隔离走廊→卫生通过区→工作准备区。

⑤餐食等洁净物品：工作准备区→卫生通过区→隔离走廊→隔离房间。

⑥隔离区医疗废弃物处理：隔离走廊→医疗废弃物暂存点→离开。

4.3.4 设计要点

1 结构要点

模块化、可装配。为满足在较快、有限工期内建成交付使用，集中隔离医学观察点应优先采用模数化、标准化、装配式结构，可采用整体式、模块化结构，房间尺寸、空间、高度等有特殊要求的功能区域和连接部位可采用标准化轻质夹芯板材进行组装。

2 机电要点

密闭好、安装快。机电专业设施设备的安装位置和布线应与建筑功能及结构布置互相协调配合，快速安装，保证使用要求。机电管道穿越房间墙处应采取密封措施。

3 室内要点

耐使用、便消杀。地面、墙面、吊顶等室内装修材料应平整、光滑、耐擦洗、耐清洁、耐腐蚀、无死角，接缝处应密封，且便于清洁和消毒。每间隔离房间都应设置独立的卫生间，隔离病房内家具应完备，可包含单人床、床头柜、衣柜、写字台等满足隔离者隔离期间日常生活的家居物品。

4.3.5 隔离区

1 功能设置

在隔离区可根据规模及管理需要，配备接收患者、办理手续，并对患者进行诊断和检查的检录办公区，将医学观察区划分为多个隔离观察单元，隔离观察单元宜按规模配置管理用房、服务间、医疗废弃物暂存点、根据实际需要设置的相关医疗功能用房及其配套用房等，对于隔离区的垃圾应集中转运、集中处理，应有专门的医疗废物进出通道，并应采取安全管理措施。

2 工艺流程要求

1）隔离区应结合地上建筑高度或层数采取单元式布局，地上建筑相互间距不宜小于12m。各楼层均应设门禁单独控制，采用封闭式管理，在无工作人员进出时门禁应始终保持关闭状态。

2）隔离房间宜采用单元式布局，每个隔离单元可包含30～62间隔离房间和1～6间服务间，隔离单元应采取必要的安全管理措施。隔离单元如图4-4所示。

3）规范划分隔离单元内隔离区、工作准备区和缓冲区，及工作人员通道和隔离人员通道，不得破坏场所防火分区和疏

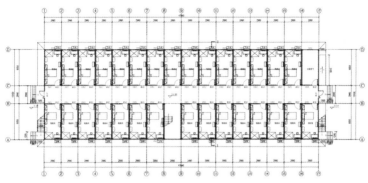

图4-4 隔离单元示意图

散楼梯、疏散走廊设置的完整性，严禁占用疏散通道。工作人员通道和隔离人员通道应采取上至吊顶、下至地面的物理隔断方式进行隔离，并应尽量分布在隔离单元两端，设置明显标志，两通道严禁交叉。

4）隔离区内应设置独立医疗废弃物暂存点及污水处理设施。

5）医护工作区与隔离区必须分开设置，封闭管理。隔离单元可以设置服务间包括治疗室、医生办公室、库房、隔离人员配餐室等。

3　隔离区设计及建设要点

1）隔离单元内窗户、阳台、天井等应采取必要的安全管理措施。

2）隔离单元宜充分利用自然采光通风，也可根据气候特点和需要设置采暖、制冷和机械通风等设施。

3）隔离房间应采用单人单间，每间隔离房间使用面积不宜小于14m²，并设置唯一标识。可设置一定比例的家庭房供14岁及以下儿童及其监护人、半自理或无自理能力的隔离人员与其陪护人使用，同住监护人或陪护人员只限1人，隔离房间应给予唯一性标识。

4）隔离房间内设置卫生间、洗浴等基本卫生洁具。坐式便器坐圈应采用不易被污染、易消毒的马蹄式坐圈，蹲式便器宜采用"下卧式"感应冲水便器，便器旁应安装助力拉手。

5）隔离房间应保证通风良好，设置可开启外窗，外窗开启宽度不大于10cm。隔离房间照度宜为300lx，其他用房照度参见《建筑照明设计标准》GB 50034—2013中的要求。应充分考虑隔离人员的心理感受，隔离房间内配备电视、网络等必要的生活娱乐和健身设施。

6）隔离房间内应设存储空间。

7）隔离房间居住部分的净高，当设集中空调时不应低于2.4m。

8）隔离房间门的尺寸应满足下列要求：

①入户门的净宽不应小于0.9m，门洞净高不应低于2m；

②卫生间门的净宽不宜小于0.8m，净高不应低于2m；

③隔离房间的外窗应安装防蚊虫纱窗，并应设置安全防护设施；阳台应采取必要的安全防护措施。

4 隔离单元中服务间的设计及建设要点

1）服务间应相对独立设置，封闭管理，以保证医护人员安全；

2）医护人员的卫生间应仅在休息区设置；

3）服务间包括治疗室、医生办公室、库房、为隔离人员准备的配餐室等；

4）服务间的地板安装用卷边上墙方式，有利于日常清洁消毒工作，不易藏污纳垢。

5 建筑材料的选择要点

1）宜采取必要的雨雪遮蔽、保温隔热等措施；

2）应选用耐擦洗、防腐蚀、防渗漏、便于清洁维护、符合消防要求的建筑材料，严禁使用聚氨酯泡沫、聚苯乙烯泡沫、海绵等易燃材料夹芯板；

3）建筑室内面层不应选用布艺、地毯等材料。不应选用有织物表面的家具。

6 消防及疏散

1）隔离单元用房均应采用防火隔墙与其他部分隔开。相邻隔离单元之间应采用防火隔墙分隔，隔墙上的门应采用乙级防火门；

2）隔离单元内应有2个不同方向的安全出口，直通疏散走道的房间疏散门至最近安全出口的直线距离不应大于35m。

4.3.6 工作准备区

工作准备区应设置单独出入口，出入口处应设置管理办公室及车辆洗消场地。有条件时，宜在工作准备区设置封闭管理的室外分散活动场地、设施，如跑步步道、室内健身设施等。

1 工作准备用房

1）当办公建筑与其他建筑共建在同一基地内或与其他建筑合建时，应满足办公建筑的使用功能和环境要求，分区明确，并宜设置单独出入口；

2）办公用房宜有良好的天然采光和自然通风，不宜布置在地下室。办公室宜有避免西晒和眩光的措施。

2 物资储备库

1）物资储备库位置设置应考虑日常消耗品及医疗药品药物的配送发放，既考虑外购物品的验收方便，又要考虑发放通道顺畅快捷，一般设于清洁区；

2）医用酒精、强氧化剂等易燃易爆危险品应在非污染区（工作准备区）独立设置储存用房，储存数量、方式应符合国家相关规定。

3 餐饮设施

1）餐饮设施包括员工餐厅、隔离人员备餐及营养厨房，均应设在清洁区，向隔离人员运送餐食可利用医护人员工作通道。若应急设施用地紧张，食物亦可采用外购的模式，宜单独开设出入口或利用工作人员通道设置接收运输外购食物的通道。

2）餐饮设施的人流出入口和货流出入口应分开设置；用餐人员出入口和内部后勤人员出入口宜分开设置。

3）厨房加工布局应严格遵守食品加工卫生防疫要求，主副食、生熟食品严格按加工流程布置，注意排油烟、污水油污收集设计、防蝇防鼠措施。

4）配餐等使用蒸汽和易产生结露的房间应采用牢固、耐用、难沾污、易清洁的材料装修到顶，并应采取有效的排气措施，楼地面排水应通畅且不出现渗漏。

4 工作人员宿舍

1）工作人员宿舍是指为保证在应急设施中参与救治相关工作的人员在工作时间外的休息，以及轮岗离院前进行必要的隔离观察而使用的独立居住空间。

2）工作人员宿舍的使用对象包括医护人员、环卫保洁人员、曾进入污染区的设备维护人员，以及进入污染区存在感染风险的其他工作人员。

3）轮岗离院前休整宿舍区与工作期间休息宿舍区应相对独立设置。

4）工作期间休息宿舍，可集中设置双人间，就餐空间可集中设置；轮岗离院前休整宿舍，必须为单人间，人员在房间内单独用餐。

5）餐厅、厨房、营养食堂应独立于宿舍区，按现行国家标准《综合医院建筑设计规范》GB 51039—2014的要求执行。

6）宿舍可采用通廊式和单元式平面布置形式，内廊式宿舍水平交通流线不宜过长。

7）每栋宿舍应设置管理室、公共活动室和晾晒衣物空间。公共用房的设置应防止对居室产生干扰。

8）宿舍应满足自然采光、通风要求。宿舍半数及半数以上的居室应有良好朝向。

5 机电设备机房

机电设备机房应按照机电系统要求设于污染区外，以方便工作人员维护管理。机电专业设施设备的安装位置和布线应与建筑功能及结构布置匹配，利于快速安装，保证医疗使用。

4.3.7 卫生通过区

1 功能设置

卫生通过区位于隔离区与工作准备区之间的过渡区域，是工作人员由工作准备区进入隔离区、由隔离区返回工作准备区时开展必要卫生安全及准备工作的用房及相关设施，以及物资进入隔离区的通道。卫生通过区功能空间可划分为更衣室、淋浴间、缓冲间以及开展必要工作的相关配套用房等。卫生通过区需单独设置连通出入口。

卫生通过区附近可设置内部运送工作人员的车辆停靠场地。

卫生通过区应满足下列要求：

（1）卫生通过区应设置在工作准备区和隔离区之间；

（2）工作人员进入隔离区应经过更衣、穿戴防护装备、缓冲等房间；

（3）工作人员由隔离区返回工作准备区，应经过卫生通过区后返回工作准备区；

（4）脱衣间的医疗废物外运通道应相对独立、便捷；

（5）卫生通过用房应满足至少2人同时使用的需要。

2 卫生安全要求

检录办公区的医护人员在进行诊断检查时需要与隔离人员近距离接触，因此，该区域应强化换气处理措施，以降低空气中病毒停留和扩散的风险。检录办公区应做好洁污分区，避免交叉感染。

3 机电保障措施

检录办公区检查与治疗设备较多，用电也比较集中，应配置相应的供电设备。

4.3.8 交通流线组织

1 交通流线及分类

大型应急临时设施场地流线在启用期间，主要为车行流线，包括工作人员流线、隔离人员转运流线、物资保障运输流线；各流线的组织应清晰、合理，应保证出入的顺畅和便捷；不同运输流线应根据情况进行规划设置，避免交叉感染。

2 出入口设置

场地应设置不少于两个出入口，分别为工作人员出入口、隔离人员出入口、物资运输共用工作人员出入口；出入口处设置岗亭及道闸；隔离区与工作准备区应单独设置出入口。

3 出入口清洗消毒设施

在隔离区出入口处应设置车辆冲洗消毒场地，根据进出车辆类型进行具体尺寸设计，清洗消毒站应设置清洗消毒设备用品，清洗消毒站应设置给水排水、电力接口。

4.3.9 医疗废弃物暂存点

1 医疗垃圾处理设施应设置围墙与其他区域物理分隔，设于园区下风向处。

2 由专人管理，有明确警示标识。

3 按《医疗废弃物管理条例》和《医疗卫生机构医疗废物管理办法》的规定，每日及时清运。

4 医疗废弃物暂存点的设计及建设要点

（1）清洁区生活垃圾放置在专用垃圾桶内，隔离单元配备套有医疗废物垃圾袋并加盖的专用垃圾桶，垃圾应每日清理或及时清理。

（2）医疗废物的处置应符合《医疗废物管理条例》和《医疗卫生机构医疗废物管理办法》的规定。

4.3.10 污水消杀处理点

1 应设独立化粪池，污水在进入市政排水管网前，进行消毒处理，消毒后污水应当符合《医疗机构水污染物排放标准》GB 18466—2005。

2 如无条件设立独立化粪池，则用专门容器收集排泄物，消毒处理后再排放，消毒方式参照《新冠肺炎疫情消毒技术指南》中粪便与污水消毒方法。

3 医学隔离观察设施污水处理宜采用强化消毒处理工艺，对污物与污水处理的设计及建设，应符合下列规定：

（1）污水处理应在化粪池前设置预消毒工艺，预消毒池的水力停留时间不宜小于1h；污水处理设施的二级消毒池水力停留时间不应小于2h。

（2）污水处理从预消毒池至二级消毒池的水力停留总时间不应小于48h。

（3）化粪池清掏周期不应小于360d。

（4）污水处理设施应密闭，尾气应统一收集消毒处理后排放。

（5）病房产生的垃圾也具有传染性，需要在医疗废弃物暂存点内消毒密封后再运送至专门的垃圾暂存收集站待外运。

（6）隔离区污洗间、医疗废弃物暂存点的位置要靠近污物运送通道或污梯。

（7）隔离区污洗间的地面、墙面采用表面防水、高强耐污的组合材料。污染区污染物多，日常冲洗及消毒频次高。地板材料选用表面更耐污染、易清洁、防滑的弹性材料。墙面选择高强耐污、易清洗、防水、耐高浓度化学试剂且防撞的材料。整体安装接缝少、易安装、防水，基层、胶水也都满足防水的要求，且能保证地面和墙面的有效连接。

（8）污水处理工艺选择和排放水质标准应满足当地生态环境主管部门规定的要求。

4.4 结构设计

4.4.1 一般规定

1 应结合当地生产技术和供货能力，采用装配式钢结构体系，建议采用箱式模块化房屋，满足快速建造要求。

2 结构设计应在满足建筑平面的基础上，采用标准化设计，选用通用标准化结构单元产品，模块单元内采用标准化结构构件，遵循少规格、多组合的原则，便于工厂生产与现场替换。

3 结构使用年限按五年考虑，抗震设防类别可为丙类，结构安全等级可为二级，荷载取值和计算分析应满足现行规范要求。

4 结构构件与连接应采用防火措施处理，宜在工厂内完成，并满足建筑防火要求。

5 结构构件与模块化单元应采用标准化连接设计，具备通用性。节点连接构造和连接方式应满足结构整体受力和变形要求，构件拼接节点形式不宜过多，应尽可能采用拴接节点，方便工厂制作和现场安装。

6 附着在临时建筑上的设施设备，应与主体结构进行可靠连接，并应进行受力验算。库房等应在首层布置，可降低应急设施结构设计及施工难度。当箱式房屋首层地面为架空结构时，尚应根据实际荷载对其进行承载力及变形验算。

4.4.2 常见问题和处理方法

1 建设场地选择

建设场地的选择应符合国家及地方相关法律法规、标准的规定。场地宜选择地势平坦、水文地质条件较好且地下水与周边水域无水力联系或水力联系较弱、工程地质条件较好的地段，尽可能避开软土、厚填土、山坡沟坎起伏或需要复杂地基处理的地段，应避开地质灾害易发区。建筑地基宜采用天然地基，建议使用停车场、堆场等已硬化的场地。当场地表面为松散填土、软弱土时，应进行碾压法、振动压实法、强夯法等方式进行地基处理或加固。

2 基础形式选用

1）箱体自重较轻，一般不超过两层，对小规模的集装箱建筑来说，通常为浅基础，常见的基础类型为架空支柱基础和混凝土筏板基础。

2）当地质条件较好、预估基础变形较小时，可采用刚性基础，材料为素混凝土或砖砌体；当地质条件较差或地层变化较大、可能产生不均匀沉降时，应采用整体性较好的钢筋混凝土条形基础或筏板基础；基础混凝土强度建议采用C30，考虑到冬期施工的环境因素，混凝土强度等级可适当提高或适当加入外加剂等，钢筋强度等级宜采用HRB400。

4.5 通风与空调系统

4.5.1 一般规定

1 洁净区内的所有空调、通风系统（防排烟系统除外）均由专业公司设计。

2 排风机前净化过滤装置由专业厂家选型并指导安装。

4.5.2 空调系统

1 无洁净度要求的各房间均采用分体空调，夏季制冷，冬季制热，分体空调均带电辅热。人员长时间逗留区域预留蓄热式电油汀散热器插座作为备用；淋浴间、更衣间及卫生间预留电辅助加热电源。

2 无洁净度要求的各房间室内设计温度宜为：冬季18～22℃，夏季24～28℃。

3 半污染区、污染区空调的冷凝水应集中收集，并应采用间接排水的方式排入污水排水系统统一处理。污染区、半污染区的冷凝水不应跨区排放。

4.5.3 通风系统

1 新建的隔离房间不应设置做饭用炉灶等厨房设备设施，改造的隔离房间如原来已有厨房的，相关排风、排烟管道及设备设施应停止使用或暂时封闭。

2 接诊区、患者检查区、病房等患者可能进入的房间，以及卫生通过区的脱防护服、脱口罩区等医护人员长时间停留的房间宜设置消杀净化消毒机。

3 应急医疗设施应设置机械通风系统。机械送风、排风系统应在各分区设置独立系统。

4 机械送风、排风系统应按半污染区、污染区分区设置独立系统。并控制各区域空气压力梯度，使空气从清洁区向半污染区、污染区单向流动。

5 控制气流"半污染区→缓冲间→淋浴→脱口罩→脱防

护服→污染区缓冲间"的流向。脱防护服房间换气次数不小于
20次/h,室内排风口设在房间下部,室外排风口高于屋顶高
空排放或安装净化消毒装置进行处理。工作人员应按照使用说
明书定期更换净化消毒装置过滤材料。

6 控制气流"清洁区→换鞋→一更→淋浴→二更→半污
染区"的流向。更衣区换气次数不小于6次/h,淋浴间换气次
数不小于10次/h。

7 隔离房间的卫生间设置机械排风装置,每小时换气次
数不小于10次。室外排风出口高于屋顶高空排放,排放前净
化处理。所有隔离区的排气扇及送排风机的开关应由专门人员
统一控制,非工作人员不可随意开关。

8 办公楼、宿舍公共卫生间均在侧墙设壁式排气扇;淋
浴间、更衣室设顶式管道排气扇,通过排风管直接排出室外。

9 隔度区污洗间、医疗废弃物暂存点只设排风,不送风。
房间内最小换气次数为10次/h,与相通的走廊宜保持不小于
5Pa的负压差。

10 排风口采用单层百叶风口,设置在吊顶上。

11 隔离区的排风机应设置在室外。隔离区的排风机应
设在排风管路末端,排风系统的排出口不应临近人员活动区,
排气宜高空排放,排风系统的排出口、污水通气管与送风系统
取风口不宜设置在建筑同一侧,并应保持安全距离。

12 所有排风系统均设置高效过滤器。以减小排风污染
环境或停机时倒灌影响室内环境;在此基础上排风是否再做

进一步处理，由使用方或医疗专家做最终确定。

13 安装于屋面或地面的排风机均采用低噪声离心式风机箱，风机设备考虑备用，以便设备故障及时更换。设于室外裸露的风机由施工单位现场设防风防雨遮挡防护等措施，设置在室外地面的排风机基础应高于地面0.5m（防雨防潮），确保设备运行安全无故障。

14 管材：通风系统矩形风管均采用镀锌钢板制作，圆形风管采用镀锌钢板螺旋圆风管；厚度和加工方法按《通风与空调工程施工质量验收规范》GB 50243—2016中的规定确定。用于卫生间房间通风器排风的圆管道，采用PVC圆管。

4.5.4 消防系统

1 建筑内长度大于20m的疏散走道应设置排烟设施。

2 采用自然通风的疏散走道，走道两端储烟仓内设不小于$2m^2$的可开启外窗。

3 采用机械排烟的疏散走道，排烟风机设于专用的排烟机房内，排烟机房围护结构符合相关防火规范的规定。

4 管材：排烟系统（含平时排风兼用）、消防补风（含平时送风兼用）、防烟系统的风管采用镀锌钢板制作，厚度及加工方法按《建筑防烟排烟系统技术标准》GB 51251—2017中第6.2.1条及6.3节执行。防火风管材质性能详见国标图集《防排烟系统设备及附件选用与安装》07K103-2。防火风管（防排烟风管）的本体、框架与固定材料、密封垫料等必须采用不燃材料，防火风管的耐火极限时间应符合系统防火设计的规定。

耐火板需提供根据《通风管道耐火试验方法》GB/T 17428测试方法，应同时满足耐火完整性和隔热性要求，并提供由国家防火建筑材料质量监督检验中心出具的型式检验报告。

5 排烟风机的控制方式应符合下列规定：当任一防烟分区发生火灾时，烟（温）感器发出信号，自动或手动打开着火防烟分区内全部排烟的阀，自动启动排烟风机。当烟气温度达到280℃时，排烟机房入口处的排烟防火阀自动关闭，同时连锁关闭排烟风机。用于火灾的排烟阀均应按要求在就近方便处安装自动手动开启装置。机械排烟系统中的常闭排烟阀或排烟口应具有火灾自动报警系统自动开启、消防控制室手动开启和现场手动开启功能，开启信号应与排烟风机联动。

4.5.5 常见问题和处理方法

1 超过20m的疏散走道，当作为隔离点使用时，走道两端出入门应常开。

2 由于轻质房屋质量较小，如送风机、排风机等设备设在屋面时，处理不当则容易在运行时导致振动及噪声超标。所以振动较大的风机宜设在地面，建议独立设置设备支架和基础，并将支架、基础与主体结构脱开，避免噪声和振动对医疗监护及患者就医产生影响。对于上屋面的小型设备，建议将箱体房立柱作为振动设备的支撑并采取减振措施。实际工程中联合支架布置如图4-5所示。

3 所有设备运行前，应按设备使用说明进行调试前检查，确认设备安装符合安全和平稳要求后进行试运转。机组启

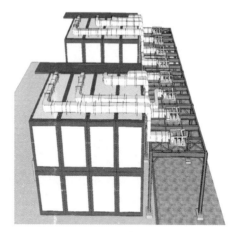

图4-5 多台风机联合支架布置

动后应注意监测电机运行电流是否正常，机组是否有异常响声，检查机组风量、风压是否正常。

4 失效的排风高效过滤器应安排专人按病毒感染类垃圾处理，并采取以下方式收集及封装：

1）失效的排风高效过滤器应置于双层黄色垃圾袋内，并在标签上注明为病毒感染类垃圾的字样；

2）过滤器垃圾不大于容器容量的3/4，使用有效的封口方式，及时封闭包装过滤器；

3）不应取出已经放入容器内的过滤器垃圾；

4）病毒感染类垃圾应有与转运人员的交接登记并有双方签字，记录应保存3年。

4.6 给水排水系统

4.6.1 一般要求

1 给水排水设计应符合现行国家标准《建筑给水排水设计标准》GB 50015等相关标准的要求。

2 给水系统设计应充分考虑建设规模、用水特点等因素，做到给水系统规划、设计、建设、使用经济合理、高效安全。

3 当该应急场所为新冠肺炎等呼吸道传染性疾病隔离点时，给水排水系统应按照防止新冠肺炎等呼吸道传染病毒或细菌，通过接触、空气、粪口途径传播的原则，根据建筑功能分区，给水及排水系统分区域供给和排出，同时设计相应的阻断、消毒等技术措施，避免病毒交叉感染，保证人体健康和环境安全。

4 污水处理设施应符合《医院污水处理工程技术规范》HJ 2029等国家现行标准的有关规定，污水处理处应密闭，产生的废水应统一收集消毒处理后排放。

5 消防应满足现行消防规范及当地消防安全指导意见。

4.6.2 给水系统

1 当市政供水压力满足要求且产生回流污染的风险较低时，供水系统应设置减压型倒流防止器。

2 当市政供水压力不满足要求且产生回流污染的风险较高时，供水系统应采用断流水箱加水泵的给水系统，并应在系统最高点设置自动排气阀。

3　给水总引入管应从清洁区处引入。

4　给水系统宜按室内环境污染程度分区域控制，并在半污染和污染区的供水干管上设置倒流防止器。

5　给水进户管有冻结风险时，应根据当地气象条件，采取保温措施。

6　给水管道应选择表面光滑、耐腐蚀和连接可靠的管材。

4.6.3　热水系统

1　应采用分散式热水系统。

2　热水器应具有保护电热元件的措施。

3　塑料给水管道不得与电热水器直接连接，应有不小于0.4m的金属管段过渡。

4.6.4　饮用水

各门诊区域和医护休息区域、每间病房宜设置饮水机一台。

4.6.5　排水系统

1　排水系统设计要点

1）室内排水系统应采用重力流排水系统，污废合流；

2）排水系统应根据区域功能特点分别设置；

3）排水管道按室内环境污染程度分为三个区域排放，即清洁区、半污染区、污染区，各区域管道分别引出排出管至一体化提升装置进行消毒杀菌处理；

4）室内通气系统采用伸顶通气管，当排水横干管大于20m时，应每隔20m设一根通气立管；

5）通气立管在顶部穿侧墙出室外，不应直接穿顶板出屋面；

6）清洁区通气管高出屋面1m；

7）半污染区和污染区的通气管，应经紫外线空气消毒后方可与大气相通，排出口高出屋面2m，且不应设置在新风机风口附近；

8）室内排水管道在穿越的地方应采用不收缩、不燃烧、不起尘材料密闭，并进行闭水试验，还需采取防止室内外排水管道的污水外渗和泄漏的措施；

9）有隔离病房的卫生间宜统一污废合流排出，排水系统应采取防止水封破坏的技术措施，防止管道内有害气体和气溶胶溢出后污染环境，与生活污水管道或其他可能产生有害气体和气溶胶排水管道连接时，必须在排水口以下设存水弯，水封装置的水封深度不得小于50mm；

10）卫生器具排水管段不得重复设置水封。

2　防堵塞措施

1）排水管道的坡度不应按最小坡度选取，应根据现场情况尽量选取较大的坡度；

2）清洁区清扫口：当首层地面架空时设于架空层；当排水管沿建筑外轮廓敷设时，其上设置清扫口；

3）半污染和污染区清扫口不应跨区设置；

4）清扫口的设置位置及间距应满足《室外排水设计标准》GB 50014和《建筑给水排水设计标准》GB 50015等国家标准的相关要求。

3 管材

1）通气立管的接口应严密，宜采用PVC-U管材粘结或HDPE管材熔接；

2）排水管应根据当地气象条件，按冻结风险，采用机制铸铁管、HDPE管、PVC-U管等，并采取相应的保温措施；

（1）冻结风险较大的地区，室内地坪下的排水管道宜采用机制铸铁管，承口连接，电伴热保温处理；

（2）冻结风险较小的地区，室内地坪下的排水管道宜采用HDPE管材，熔接，100mm橡塑保温；

（3）无冻结风险的地区，室内地坪下的排水管道宜采用PVC-U管材，粘结连接。

3）室外排水管道应采用无检查井密闭管道安装方式，且按50m间隔设置通气立管；室外通气管应采用紫外线空气消毒器；室外排水管宜采用塑料排水管材，且根据当地气象条件设置保温措施。

4 污水处理

1）半污染区和污染区的全部污废水均应进行处理，并应满足《医疗机构水污染物排放标准》GB 18466及当地环保要求后排放，污水消毒装置宜靠近污染区设置。

2）对于已建设污水处理设施的，应强化工艺控制和运行管理，采取有效措施，确保达标排放。

3）对于未建设污水处理设施的，应参照《医院污水处理技术指南》（环发〔2003〕197号）、《医院污水处理工程技术规范》

HJ 2029等，因地制宜建设临时性污水处理罐（箱），禁止污水直接排放或处理未达标排放。

4）不得将固体传染性废物、各种化学废液弃置和倾倒排入下水道。

4.6.6 雨水处理系统

1 当采用板式建造方式时，屋面雨水采用外排水系统，排至临近室外雨水管网。

2 当采用箱式建造方式时，屋面雨水采用内排水系统。

3 当采用箱体四角内设置的室内雨水系统时，雨水管道应无接口且不应设置检查口。排水管宜采用塑料管材，架空层敷设的管道宜采用粘结或熔接。箱体四角内预埋的雨水管道在出厂检验前应进行闭水试验。

4.6.7 卫生器具及配件

1 卫生器具均采用节水型产品，并符合《节水型生活用水器具》CJ/T 164的要求。

2 洗手盆和全部污水池均采用陶瓷片密封阀芯水龙头，且不得设置盆塞；沐浴设备宜选用冷热水混合龙头型。

3 除病房（留观）卫生间洗手盆外，其他部位的洗手盆均采用感应式水嘴，水嘴流量不大于0.125L/s；坐便器采用两冲式水箱，且一次冲洗水量不大于5L；蹲便器采用感应式冲洗阀，且一次冲洗水量不大于5L；小便器采用感应式冲洗阀，且一次冲洗水量不大于3L。

4 排水系统中构造内无存水弯的卫生器具与生活污水管

道或其他可能产生有害气体的排水管道连接时，必须在排水口以下设存水弯，存水弯的水封深度不得小于50mm，且不得大于75mm。

5 清洁间、卫生间、浴室等应设置地漏，护士站、治疗室、诊室、检验、医生办公室等房间不宜设地漏。

6 除设备间外均采用无水封直通地漏，地漏盖板应符合相关标准要求，排水口以下设存水弯，存水弯水封高度不小于50mm，且不大于75mm，医护人员淋浴间无水封直通地漏内增设网框；设备用房采用可开启式密封地漏。

7 洗手盆处不长期排水的地漏，应采用洗手盆排水给地漏补水。

8 严禁采用钟罩（扣碗）式地漏，严禁采用活动机械活瓣代替水封。

9 下列场所的用水点应采取具有防止污水外溅措施的卫生器具：

1）公共卫生间的洗手盆、小便斗、大便器；

2）护士站、治疗室等房间的洗手盆；

3）诊室、检验科等房间的洗手盆。

4.7 强电系统

4.7.1 一般规定

应急集中隔离医学观察点的电气设计应符合以下原则：

1）符合供电可靠、用电安全、运行维护方便等要求。

2）满足建设周期短、快速投入使用等要求。

3）采用的电气系统或设备应符合技术成熟、普遍适用、模块化或装配式等要求。

4）应符合国家现行有关强制性标准的规定。

5）配电系统宜按医学隔离观察区、卫生通过区、工作服务区独立设置。配电柜、配电箱宜设置在专用配电间或管理用房内。

6）照明系统应符合以下规定：

（1）照明设计应符合现行国家标准《建筑照明设计标准》GB 50034—2013的有关规定，且应满足绿色照明要求。

（2）应急隔离观察设施应选择不易积尘、易于擦拭的带封闭外罩的洁净灯具。灯具采用吸顶安装，其安装缝隙应采取可靠密封措施。光源宜选择LED光源。光源显色指数 $Ra >$ 80，色温应为4000K，灯具光源能效不宜小于100lm/W。隔离人员活动区域应选用漫反射型灯具，门厅、病房的统一眩光值（UGR）不应大于22，其他诊疗场所统一 UGR 不应大于19，并应减少眩光且满足环境的视觉要求。

（3）病房走道设置的照明统一控制。病房内的灯开关需兼顾老年人的使用，采用宽板按键式，离地高度宜为1.2m。夜间照明灯具应合理选择位置，不宜设在病床正对面及侧面，以免影响患者休息。

（4）应急隔离观察设施备用照明、安全照明应满足国家现

行标准《医疗建筑电气设计规范》JGJ 312—2013中第8.4节及
国家现行标准《综合医院建筑设计规范》GB 51039—2014第
8.5节的相关要求。

（5）隔离病房传递窗口、感应门、感应坐便器、感应龙
头、电动密闭阀等设施需配合预留电源。电动密闭阀需要在病
房外就近设置控制装置。

4.7.2 供配电系统

1 负荷分级及供电要求

新建的应急集中隔离点项目应由城市电网提供双重电源供
电，并设置柴油发电机组，其电源配置应满足现行国家标准。
在正常电源故障停电时，柴油发电机组应自动启动且在15s内
为重要负荷供电。柴油发电机组的设置应满足项目快速建设、
电气主接线简洁的要求，容量上留有一定余量。

医学隔离观察设施用电负荷等级不应低于二级，隔离房间
内的照明及排风负荷不宜低于二级，安全防范系统负荷应为一
级特别重要负荷。

2 预装式变电站的选择

为了快速建成并及时投入使用，应急隔离观察设施工程的
通行做法是：由当地供电局负责10kV高压柜、变压器、低压
屏和柴油发电机等设备的供货、安装调试、相关报批报审程序
等。供电局一般提供多组"箱式变电站×2+箱式柴油发电机
组（或移动式发电机车）×1"来满足要求。图4-6所示的系统
主接线，相比传统的主接线，少设置一段应急段母线及相应的

低压屏，系统简单，所以建设速度大大加快。箱式变电站、箱式柴油发电机组等因其成套化、模块化，值得在应急工程中推广使用。

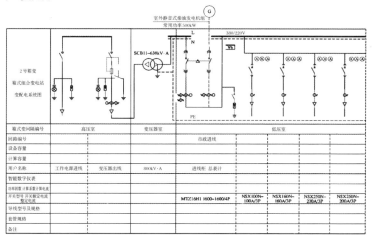

图4-6 供电系统图

1）变电所及市政电力接入应在应急隔离观察设施主体竣工前完成设备安装及调试工作。

2）为便于变电所快速施工，应急隔离观察设施工程宜选用预装式变电站。预装式变电站中主要电力设备包含中压配电柜、变压器及低压配电柜。

3）为缩短电力装置生产周期，设计可选用成品设备。

4）预装式变电站中单台变压器容量不宜大于1250kV·A。

5）预装式变电站电力监控系统信号可由供电公司或园区安防控制中心监控。

6）预装式变电站低压侧可馈出数回路电力干线，建筑主体内可设置二级低压配电室。

3 预装式柴油发电机组的选择

1）柴油发电机组应在应急隔离观察设施主体竣工前完成设备安装及调试工作。

2）为便于柴油机组快速施工，应急隔离观察设施工程宜选用预装式柴油发电机组；预装式柴油发电机组常用形式包括集装箱式发电机组和箱式静音型发电机组。

3）集装箱式发电机组是将机组置于标准集装箱中安装。20英尺集装箱外形尺寸为6060mm×2440mm×2590mm（长×宽×高），适合配置常载容量为500～1000kV·A的机组；40英尺集装箱外形尺寸为12200mm×2440mm×2590mm（长×宽×高），适合配置常载功率为1000～1400kV·A的机组。

4）箱式静音型发电机组常见机组容量为50～500kV·A。

5）预装式柴油发电机组宜设置室外储油罐，保障机组运行时间。

6）柴油发电机组应采取降噪及减震措施。根据现行国家标准《民用建筑隔声设计规范》GB 50118中医院主要房间噪声级规定，病房及医护人员休息室允许噪声级高标准不大于35dB。超静音型柴油机组1m测距噪声通常为70～85dB，故预装式柴油机组设置位置宜尽量远离病房及医护休息区域。

4.7.3 低压配电系统

1 线缆选择及敷设

1）普通负荷的电线电缆应采用无卤低烟阻燃型。消防负荷的电线电缆应采用无卤低烟阻燃耐火型。消防配电线路与其他配电线路敷设在同一电缆井、沟内时，应分别布置在电缆井、沟的两侧，且消防配电线路应采用矿物绝缘类不燃性电缆。

由于应急设施人员密集，卧床治疗的患者较多，火灾逃生困难，耗时较长。无卤低烟阻燃电线电缆材料不含卤素，且在燃烧时释放的烟雾量很少，可减少电线电缆在火灾中造成的人身伤亡和财产损失。因此，本类型建筑应采用无卤低烟阻燃交联聚乙烯绝缘电力电缆、电线或无烟无卤电力电缆、电线。

2）室内公共区域的主干线路宜选择沿电缆桥架、线槽敷设。电缆桥架、线槽及穿线管应采用不燃型材料。集装箱式、预装式临时应急隔离观察设施内采用明装线槽敷设，既能提高施工速度，又不会破坏成品围护结构。在与施工单位充分沟通且工期允许的情况下，宜考虑采用暗装方式敷设末端支路穿线管。

3）电缆桥架、线槽及穿线管，在穿越不同洁净等级、气压等级区域时，隔墙缝隙及槽口、管口穿线后应采用无腐蚀、无机不燃防火堵料密封。

4）室外电缆敷设宜采用排管方式或铠装电缆直埋敷设。低压电缆较多且相对集中时可采用室外电缆沟的形式敷设，设计应提供电缆沟的防水、排水、穿越道路等措施。

5）电气线路应穿管敷设；明敷时应采用无极耐火阻燃电缆。设置开关、插座等电器配件的部位周围应采取不燃隔热材料进行防火隔离等防火保护措施。其他要求应符合国家标准等相关规定。

2 配电箱、柜设备选择及设置

1）配电箱、控制箱宜设置于污染区外，主配电柜、区域配电总箱、通风设备控制箱及其主干路由、配电间（井）宜设置在污染区外，主要是考虑运行维护人员的安全，不需要穿戴防护设备进行操作，或进户总配电柜采用室外防护型 IP65 室外落地安装，底部抬高 0.2m。同理，在隔离区缓冲间设置配电箱时，宜设置于病房缓冲区的墙面上，避免维护人员进入污染区进行操作，降低感染风险。

2）应按卫生安全等级划分分区分别设置配电回路，减少跨区域配电可有效减少穿墙孔洞及相应的封堵措施，从而减少空气串流，且减少施工工作量。

3）隔离区的配电宜分别按照明、医疗设备、空调、插座划分回路供电。

4）宜采用成套定型电气设备，以便快速安装、调试和运行维护。为方便采购及订货，配电箱（柜）宜选用标准化、模块化产品，尽量减少配电箱的种类。

5）UPS宜集中设置。当采用UPS设备较多时，宜设置UPS在线监控系统，实时监控UPS工作状态。

4.7.4 电气照明系统

1 照度水平与照明质量

隔离观察房间内一般活动区照度宜为100lx，书写、办公室、监控室照度宜为300lx，公共走道宜为100lx，其他用房照度应符合现行国家标准《建筑照明设计标准》GB 50034的有关规定。

隔离观察房间内电源插座应采用安全型，房间内的开关、插座、灯具等设备应易于擦拭和消毒。

公共区域应设置清扫及智能设备用插座。

2　景观照明

室外景观灯具选用太阳能60W高效LED路灯头（A级多晶硅太阳能电池板80W），杆高5.8m。

3　其他

病房、卫生通过及缓冲间、卫生间、洗消间、患者走廊，以及其他需要灭菌消毒的场所应设置固定式或移动式紫外线灯等消毒设施。

4.7.5　建筑物防雷接地系统

1　防雷接地设计要则

1）防雷接地系统设计应符合现行国家标准《建筑物防雷设计规范》GB 50057相关要求，建筑物电子信息系统雷电防护应符合现行国家标准《建筑物电子信息系统防雷技术规范》GB 50343相关规定。应急隔离观察设施多为单层或多层建筑，建筑高度较低，在建筑年雷击次数计算时应考虑建筑是否为人员密集场所和是否处于空旷地带等因素。

2）接闪器与防雷引下线必须采用焊接或卡接器连接，防雷引下线与接地装置必须采用焊接或卡接器连接。

3）接闪器应考虑以下要素：应急隔离观察设施为金属集装箱式建筑时，应按集装箱材质确定接闪措施。当集装箱材质为钢质（钢板厚度不小于0.50mm）或铝质（铝板厚度不小于0.65mm）时，应优先利用金属屋面板（即集装箱顶棚）作为接闪器；当采用金属夹芯板组装时，其要求相同。

屋顶上的风机、空调机组等机电设备的金属外壳及金属构件就近与接闪器联通。

4）引下线应考虑以下要素：应急隔离观察设施为金属集装箱式或金属夹芯板组装的多层建筑时，应保证各金属集装箱或金属夹芯板之间的连接处电气贯通。

5）接地装置应考虑以下要素：可利用建筑基础内钢筋或沿建筑周围在基础垫层内敷设40mm×4mm热镀锌扁钢作为接地装置。接地装置的敷设不应破坏防渗膜，集装箱式医疗设施接地装置跨越防渗膜做法如图4-7所示。

6）应急隔离观察设施的防雷接地、保护性接地、功能性

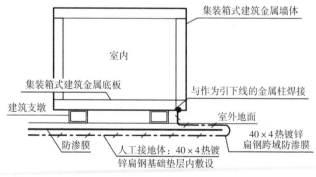

图4-7　接地装置跨越防渗膜连接示意图

接地、屏蔽接地、电子信息系统接地应共用接地装置，共用接地装置的接地电阻值不大于1Ω。

7）配电系统严禁采用TN-C系统。

8）在10kV电源进线处装设避雷器，防止雷电波侵入。

9）电话与信息设备、UPS、电梯、屋顶配电箱等处装设浪涌保护器。

10）由室外引入建筑物的电力线路、信号线路、控制线路、信息线路等在其入口处的配电箱、控制箱、前端箱等的引入处装设浪涌保护器。

2 总等电位联结和辅助等电位联结的应用

1）应急隔离观察设施做总等电位联结，将建筑物内的保护干线、设备干管、建筑物及构筑物等的金属构件以及进出建筑物的所有公共设施的金属管道、金属构件、接地干线等与附近预留的接地钢板、总等电位联结端子箱做总等电位联结。

2）当室外箱式变压器低压侧采用放射式供电至建筑物内不同位置时，电源引入配电间均应做总等电位联结。

3）各医疗房间内可能产生静电危害气体的管道应采取防静电接地措施，其中有爆炸和火灾危险场所的设备、管道应符合现行国家标准《爆炸危险环境电力装置设计规范》GB 50058的有关规定。

集装箱式应急隔离观察设施等电位联结示意见图4-8。

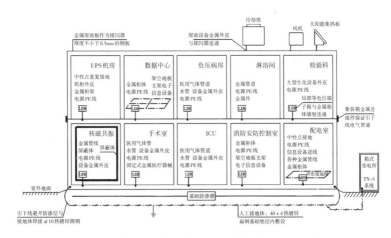

图4-8　集装箱式应急隔离观察设施等电位联结示意图

4）隔离观察房间内的淋浴间应设置等电位端子箱，房间内外露可导电物体应进行等电位连接。

5）医学隔离观察设施的防雷与接地措施应符合现行国家标准《建筑物防雷设计规范》GB 50057的有关规定。

4.7.6　电气防火

1　火灾自动报警：任一层建筑面积大于1500m² 或总建筑面积大于3000m² 的单栋建筑，超过200床位的单栋建筑应设置火灾报警系统，其他应设置独立式感烟探测器。火灾自动报警系统及联动设计尚应符合现行国家标准《火灾自动报警系统设计规范》GB 50116的规定和消防主管部门发布的应对突发公共卫生事件的相关规定。

2　应急照明：房间内应设置应急照明和疏散指示系统。应急照明照度不应低于10lx；疏散指示标志应采用灯光疏散指示标志，疏散指示标志设置位置应符合国家相关规定；火灾条件下需要坚持工作的场所应设置备用照明，其照度不应小于正常工作照度。应急照明系统配电应符合现行国家标准《消防应急照明和疏散指示系统技术标准》GB 51309及《建筑设计防火规范》GB 50016的有关规定。

4.7.7 常见问题和处理方法

1 当低压电源在室外时，配电线路在引入建筑物处应做重复接地。建筑物内应采用TN-S系统。

2 照明、插座应分别由不同的回路供电，照明、插座回路均应设30mA剩余电流动作保护器。

3 电线电缆应采用低烟、无卤、低毒阻燃类线缆；消防设备供电线缆应符合现行国家及地方标准的有关规定。

4 线缆槽盒及线管应采用不燃型材料。在条件允许的场所内，为便于快速施工，槽盒及穿线管可采用明敷方式。槽盒及穿线管穿越不同分区之间的隔墙时，隔墙缝隙及槽口、管口应采用不燃材料可靠密封。

5 地面电源线路应采用金属管敷设，宜避开人员通行及货物运输通道，无法避开时应采取保护措施。

6 盥洗间、淋浴间及有淋浴功能的卫生间、机房等场所应设置局部等电位连接。

4.8 智能化系统

4.8.1 一般规定

1 应急集中隔离医学观察点智能化系统主要针对应急设施建设的特点，突出安全、可靠、便捷和可实施性，主要包括对讲系统、视频监视系统、计算机网络系统和综合布线系统、建筑设备监控系统、出入口控制系统、视频安防监控系统等。其他系统参照现行标准规范的有关规定执行。

2 应充分利用互联网技术优势，结合应急集中隔离医学观察点的定位和建设条件，提升建设水平，加强使用效果和提升管理效率。

3 应根据国家和当地卫生主管部门对突发公共卫生事件应急响应等级的防控要求，实现应急响应，设置与当地疾病预防控制中心、应急指挥中心等管理部门的专用通信接口。

4.8.2 安全防范系统

1）视频安防监控系统

对于应急设施来说，视频安防监控系统除了常规作用外，其主要作用在于记录应急设施内所有人员的活动轨迹，严格监控污染区与清洁区的人员及物品的流动，方便流行病学的调查。

（1）监控区域

园区入口重点监控，并包含各隔离区出入口、室外道路、围墙、医废垃圾收集处、卫生通过区等。园区内实现监控无死角，所有由室外进入室内的门口、室内门厅、走廊、办公楼缓冲区等公共区域实现监控无死角，交叉监控，覆盖每间房、专业人员办公区等。

（2）监控要求

各特殊功能区内的监控应自成系统，监控主机设置在其相应区域的管理处，由专业人员进行管理，专业人员通过系统可以监视各功能区内情况，降低专业人员的护理难度和工作量。系统应能事前预警，能够分析异常状态并进行报警，如有隔离人员离开隔离区域或出现在其他区域时，系统应能报警。系统应具有事件回溯功能，能够对监控图像进行存储并提供存储资源的按需调用。

2 出入口控制系统

1）系统功能简述

为在保障隔离中心安全的前提下营造一个安全、有序的环境，为防止隔离中心内交叉感染提供优质的诊疗服务，出入口控制系统应能满足中心对出入口管理的自动化需求，能对各种门的出入人员进行控制，并具有防盗、报警等多种功能。

2）应急设施特点和基本控制要求

对于应急设施来说，出入口控制系统重要的功能在于根据园区功能流程实现专业人员流线和隔离人员流线的管理，保证专业人员、隔离人员只能出现在允许区域内，避免交叉感染。

控制点位设置：

（1）所有由室外进入室内的门。

（2）隔离中心区内不同区域之间的分隔区划设置的门。

（3）办公走廊、宿舍走廊、隔离区走廊通向其他公共区域的门。

（4）隔离区走廊通向其他公共区域的缓冲间门。

（5）其他区域门，可根据项目实际情况选择设置。

3）控制要求

（1）出入口控制卡应采用非接触式，应根据员工的工作性质、职务等情况设置其通行权限和时间段，此员工只有在有权限进入且在有效时间段内才能读卡进入。

（2）专业人员应由专用入口刷卡进入楼内，经卫生通过区后进入各自的工作区域。

（3）隔离人员应由专业人员带领，经隔离区入口进入相应隔离区或其他区域，平时只能在隔离区范围内活动。

（4）后勤保洁人员应根据划定的工作区域及工作时间经专用入口进入相应区域。

（5）其他管理人员应根据管理流程设置相应的权限。

（6）当门打开或关闭，开门时间超时，系统应报警。

（7）当发生火灾等需要紧急疏散的情况，系统应能解锁疏散通道上的门，使其处于可开启状态。

3　门磁报警系统

每间隔离房门设置门磁开关，主机设置在各区域的集中医用办公用房内，对区域内各栋楼所有隔离用房间进行监控，开门后会主机报警，显示对应楼栋的开门房间号，由工作人员统一开门时，可手动关闭主机报警，设备与主机间为无线连接。

4　应急呼叫系统

隔离区户内设置紧急求助系统，床头或卫生间内设紧急呼救按钮，病房外设自带蓄电池事故声光报警器。按下手动报警按钮，对应声光报警器动作。紧急呼叫按钮和事故声光报警器之间为无线连接。医学隔离观察中心的应急呼叫系统应符合现行国家标准《医疗建筑电气设计规范》JGJ 312 的有关规定。

5　应急广播系统

隔离点应设置应急广播系统，或者在建筑物外按栋设置室外广播，室外设置广播时应按照方舱布局分开设置，确保紧急情况下能够有序疏散。

4.8.3　信息网络系统

1　无线网络系统

综合布线系统设计和配置应满足应急设施的需求，应设置有线网络和无线网络。为减少线路穿越污染区，宜采用无线通信，设置无线 AP 点，实现应急隔离观察设施全覆盖。医护办公区和病房区应分别设置内网和外网信息插座，满足数据和语音的需求。

信息点布置宜根据应急设施实际需求确定。信息插座的安装标高应满足功能使用要求。综合布线系统设计应符合现行国家标准《综合布线系统工程设计规范》GB 50311 的有关规定。

2　线缆选择及敷设

为保证不影响隔离中心交付使用，室外线路采用铠装线路直埋敷设，室内尽量采用无线网络。

3 接地

当线缆从建筑物外部进入建筑物时，电缆、光缆的金属护套、金属构件及金属保护导管应接地。进线间、设备间、电信间应设置等电位接地端子箱。每个配线柜应采用两根不等长、其截面积不小于6mm²的绝缘铜导线敷设至等电位接地端子箱。综合布线系统应采用共用接地装置。隔离中心综合布线接地系统应符合现行国家标准《民用建筑电气设计标准》GB 51348及《综合布线系统工程设计规范》GB 50311等的有关规定。

4.8.4 智能化系统机房

1 机房设置

机房应设置在清洁区内，集中设置安防监控值班室、弱电机房、广播室等设备用房。

2 机房供电、接地及防静电

1）机房设备供电电源的负荷分级及供电要求，应符合现行国家标准《民用建筑电气设计标准》GB 51348的有关规定。机房内各智能化设备外露可导电部分应做等电位联结。

2）机房接地应符合下列规定：机房的功能接地、保护接地（包括等电位联结、防静电接地和防雷接地）等宜与建筑物供配电系统共用接地装置，接地电阻值按系统中最小值确定，并符合现行国家标准《民用建筑电气设计标准》GB 51348的有关规定。

3）机房防静电设计应符合下列规定：机房地面及工作面

的静电泄露电阻和单元活动地板的系统电阻应符合现行行业标准《防静电活动地板通用规范》SJ/T 10796的规定；机房内绝缘体的静电电位不应大于1kV。

4.8.5 常见问题和处理方法

1 综合布线系统应满足语音、数据、图像等信息传输需求。不同区域使用的布线线路应进行物理隔离。当有线布线无条件实施时，可采用无线方案替代。

2 智能化系统的线槽及管口在穿越隔墙和顶板时应采取可靠封堵措施。

3 无线网络宜实现WIFI全覆盖。无线网络的设计应具备可扩展性，网络接入端口应采用千兆接入，满足物联网、WIFI6等应用扩展需求。

4.9 消防系统

1 室外消防系统

1）任一层建筑面积大于1500m²或总建筑面积大于3000m²的应急集中隔离点应设置自动喷水灭火系统和火灾自动报警系统；室外消火栓水量应根据《消防给水及消火栓系统技术规范》GB 50974及《建筑设计防火规范》GB 50016等现行标准选取。

2）室外消火栓系统，设置位置应便于消防车取水，并且水压满足用水需求，利用院区现有室外消防给水系统供水，当应急集中隔离点在现有室外消火栓或市政消火栓服务半径范围之外时应增设室外消火栓。

2 室内消防系统

1）集中隔离医学观察点区域内应设置消防软管卷盘，消防软管卷盘系统由给水系统供水，设置建筑按照每点两股水柱保护，消防软管卷盘箱内设置 $\phi 19 \times 30m$ 消防软管，配置 $\phi 6$ 可调式喷枪套，并设置真空破坏器。

2）灭火器配置：根据应急救援部《发热病患集中收治临时医院防火技术要求》文件要求，灭火器为严重危险级A类火灾，配置磷酸镀盐干粉灭火器MF/ABC5（3A），单位灭火级别最大保护面积$50m^2/A$，最大保护距离15m，且每个隔离病房应配置1具水基型或干粉灭火器。

4.10 景观绿化设计

4.10.1 景观绿化意义

面对突发疫情等重大公共卫生事件，建立方舱医院隔离病区能够有效遏制病毒传播，在迅速搭建大规模应急医疗场所的同时有条件的进行景观绿化，能够适当缓解由于疫情造成的紧张情绪和焦虑恐惧心理，对于隔离人员和医护人员进行心理疏导，增强抗疫必胜的信心，体现党和政府以人为本的人道主义精神。

4.10.2 景观绿化设计原则

1 功能性原则

隔离病区的主要功能是集中收集隔离人员，景观绿化在相关隔离病区方舱医院的总体布局原则的基础上增强各个区域空间属性，强化污染区与清洁区的隔离功能。

2 经济性原则

方舱医院隔离病区施工周期短，景观绿化设计简洁，以实用经济为原则，保证施工便利和工期要求，就地取材尽可能节约成本。

3 空间原则

不同空间的功能属性不同，对于隔离人员、确诊患者、医护工作人员等不同的空间景观绿化方式不同，充分体现对不同人员的人文主义关怀。

4.10.3 景观绿化布置方式

1 景观绿化布置重点

根据场地整体总图设计要求，在重点入口区域包括污染区入口和清洁区入口适当进行景观绿化以明确标识；有条件的在隔离区各个功能单元之间增加绿化以分隔空间，通过植物滞留粉尘降低污染、减弱噪声也能适当舒缓患者的紧张情绪，有助于对抗疫情；在清洁区主要是工作准备区进行景观绿化，有助于舒缓医护人员长期紧张的心情，增强抗击疫情的信心。

2 景观绿化布置方式

隔离中心建设周期短，时间就是生命，景观设计以快速、经济为要求，尽可能利用场地现状改建，对于大规模硬化场地，采用容器式绿化；对于有条件进行绿化的场地，采用草皮铺设结合灌木点缀的方式快速施工。

4.10.4 苗木品种选择要点

1 苗木品种选择整体上以灌木结合草皮为主，施工便利节约成本。品种上尽可能选择抗污染能力强的植物和适应本地区生长抗性强的乡土品种。

2 适应于环境安静、空气清新、无粉尘、无噪声的隔离医院环境需求。

3 选择滞尘能力强的植物，叶片粗糙可吸附并降低空气中的粉尘；绿化能够有效抑制粉尘，快速铺设的草皮即可达到抑制粉尘的作用。

4 选择具有灭菌功能的植物，有的植物能分泌杀菌物质，并具有一定的杀菌作用，适当在污染区配置能有效降低污染。

5 选择能减弱噪声的植物，隔离医院生活着患者、隔离人员、医护人员，为保证基本生活需求，适当配置绿化能够发挥其噪声阻挡和过滤作用。

6 隔离中心有条件的进行景观绿化，有助于缓解疫情造成的紧张焦虑情绪，有助于发挥植物的滞尘灭菌作用，具体实施中要遵循必要的原则，尽量做到科学、合理、经济和适用。

4.11 标识设置

4.11.1 标识设置原则

1 集中隔离医学观察点标识牌的主要作用是用于人员及车辆进出、应急救援疏散导向、消防安全警示、消防设备使用的解释说明等。

2 集中隔离医学观察点标识系统设置应遵循"适用、安全、协调、通用"的基本原则。

1）适用：指标识系统设置要高效、易识别、明确、不产生歧义、醒目。

2）安全：指标识生产制作、安装和使用的安全性，同时要考虑结构的稳定性。

3）协调：指标识与环境空间的协调、布局的协调、本体比例的协调和颜色亮度的协调等。

4）通用：指采用通用性设计和无障碍设计的理念，同时考虑到材料的易得性、工艺制作的简洁及可重复性。

4.11.2 标识设置要求

1 用地红线范围内的室外和室内空间均应设置导向标识系统专项设计。

2 集中隔离医学观察点内设置标识系统应综合考虑使用者需求，对其管理、空间功能、建筑流线等方面进行整体规划布局。具体点位规划应考虑与空间环境及其他设施的关系，避免冲突、遮蔽，必要时可与其他设施合并设置。

3 标识系统应满足集中隔离医学观察点内外交通流线组织的需求，遵循整体化、网络化、立体化的设计原则。

4 标识系统的设计应根据服务对象的人机工程学参数，合理确定标识的点位、空间位置、形式和版面。

5 标识的空间位置应当在视平线向上5°夹角以内；静态观察情况下，最大偏移角不超过15°，动态观察即人的头部转动情况下，不宜超过45°夹角。

6 人行范围内，悬挑式标识下边缘与地面垂直间距不应小于2.20m；吊挂式标识下边缘与地面的垂直距离不应小于2.50m。

7 应满足高龄使用者及弱势群体需求，在字号、字距、边距、行距、色彩对比度和版式设计方面作相应强化设计。

8 如需设置无障碍设施，应设置相应的无障碍标识。无障碍标识宜采用无障碍通用设计的技术和产品。

9 标识设置应满足现行国家标准《公共建筑标识系统技术规范》GB/T 51223中关于标识系统设计、标识本体、制作安装、检测验收和维护保养等相关规定要求。

4.11.3 标识种类及示意

1 "楼栋导视牌"标识

位置可设在人行流线的起点、终点、转折点、分叉点、交汇点等容易引起行人对行进路线疑惑的位置。一般采用落地式。材质：不锈钢、镀锌方管、铝型材、亚克力等，如图4-9所示。

图4-9　楼栋导视牌

2 "楼栋铭牌"标识

设于楼栋墙面显眼位置，可采用悬挂或者粘贴形式。材质：不锈钢板、亚克力板、铝型材、绝缘板、PVC板等，如图4-10所示。

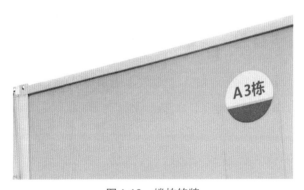

图4-10　楼栋铭牌

3 "房间铭牌"标识

设于房间入口处或粘贴于门板上，可采用悬挂或者粘贴形

63

式。材质：不锈钢板、亚克力板、铝型材、绝缘板、PVC板等（图4-11）。

图4-11 房间铭牌

4 "隔离人员出入口"标识

可结合园区总平面图设计，其位置设在园区出入口、主要人行通道位置处，可采用落地式或粘贴于墙面等处。材质：不锈钢板、铝型材、亚克力、PVC塑料板、反光膜等。

5 "隔离人员疏散流线"标识

可结合"隔离人员出入口"标识统一规划设计。

6 "隔离人员集中避难场所"标识

隔离点应合理分区域设置，每个区域应设置隔离人员集中避难场所，并设置明显标识，且不得被占用。标识设置于主要人行通道和避难场所位置，一般采用落地式安装。材质：亚克力板、铝型材、绝缘板、PVC板等（图4-12）。

7 "消防救援车辆出入口"标识

可结合"隔离人员出入口"标识统一规划设计。

8 "消防车道（消防车道禁止占用）"标识

设于消防通道出入口，可采用地面喷涂或者落地式标牌。材质为涂料、铝板、反光膜等，如图4-13所示。

图4-12 隔离人员集中避难场所

图4-13 消防车道

9 "消防救援流线"标识

可结合"隔离人员出入口"标识统一规划设计(图4-14)。

10 "消防疏散流线"标识

结合楼层平面图表达,包含当前位置符号标识、安全通道指示箭头标识、安全出口所在位置标识和安全提醒标语等。可设在楼层内部主要人行通道位置处,可采用落地式或粘贴于墙面等处。材质:不锈钢板、铝型材、亚克力、PVC塑料板、反光膜等,如图4-15所示。

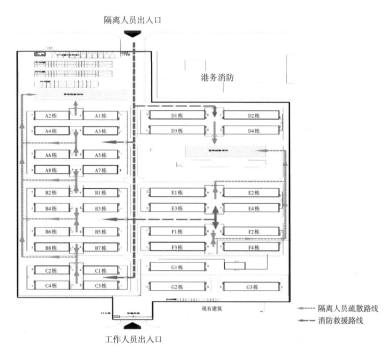

图4-14　消防救援流线

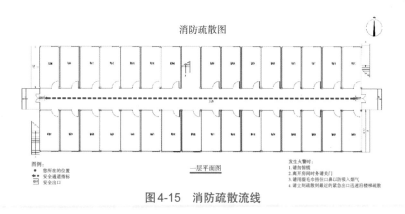

图4-15　消防疏散流线

11 "灭火器及消火栓使用方法"标识

粘贴于灭火器和消火栓箱外侧或墙面。材料：背胶粘纸（图4-16）。

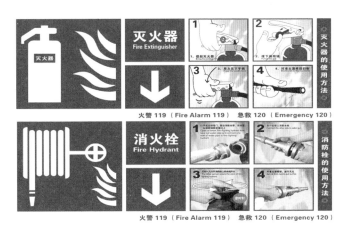

图4-16 灭火器及消火栓使用方法

12 "消防安全提示"标识

应包含房间内、外消防设施清单、使用方法；房间内配置设备安全注意事项；紧急避难场所集结位置与行进路线等。粘贴于建筑入口、人行通道醒目或房间醒目处。材料：背胶粘纸，如图4-17所示。

13 "栏杆破拆方案"标识

指导消防救援人员快速打开应防疫需要设置的栅栏、栏杆。设在消防救援扑救面，或房间外窗醒目处，可采用落地式或粘贴于墙面等处。材质：不锈钢板、铝型材、亚克力、PVC塑料板、反光膜等。

图4-17 消防安全提示

4.12 环境保护

1 合理选址，避让生态环境敏感区域

1）选址时应避让生态敏感区域

充分利用现有资源，优先选择在开发过的土地上，不应选址在基本农田、湿地、森林、水源地、自然保护区、栖息地等生态敏感地，应符合各类保护区的建设控制要求。用地宜选择地形规整、地质构造稳定、地势较高且不受洪涝、滑坡、泥石流等自然灾害威胁的地段，不应选址在未对地震断裂带进行避让的范围。

2）选址时应避让生活生产活动密集的敏感区域

选址时应尽可能在城市区域常年主导下风向，不应设置在人口密集的居住与活动区域，尽量避开对幼儿园、学校、住宅、水源等有可能造成危害的重要设施；应符合文物古迹保护的建设控制要求。不应临近食品和饲料生产、加工、储存、家禽、家畜饲养、产品加工等企业设置。应远离易燃易爆产品及有害气体生产存储区域和存在卫生污染风险的加工区域。

2 环境诊断，避免在受污染区域选址

对场地大气、水、土壤、声环境等进行环境诊断，确定场地内是否有污染物存在，考虑医学隔离观察临时设施的特殊性，不应选址在土壤或地下水受到污染区域，以保护隔离者及工作者等人群的健康。避免选址在受电磁辐射、含氡土壤等有毒有害物质的危害范围。

3 设施同步，有效防控污染物排放

防渗膜、医院污水处理系统、污泥处理系统、废气处理系统、固体废弃物处理等应急医疗设施需要配套的环境保护措施，必须与主体工程同时设计、同时施工、同时投入使用。

1）防渗漏措施全覆盖

严格按照现行行业标准《传染病医院建设标准》（建标173）进行建设，地面应采取铺设防水材料和防渗膜等防止污水和废弃物渗漏的措施，实现全覆盖。

2）污废水与废弃物有效处理

（1）为防止隔离区污废水及废弃物输送过程中的污染与危害，其处理应遵循全收集全处理、全过程控制、分类指导及生态安全等原则，确保场地内无排放超标污染物，且隔离区内污染物排放处置符合国家现行有关标准的要求，保护生态环境安全。

（2）室外排水应采用雨、污分流制。室外雨水应采用管道系统，不宜采用地面径流或明沟排放，雨水系统不得设置雨水收集回用系统。隔离区室外雨水排水应单独收集至雨水蓄水池进行消毒处理，达标后宜排入污水系统。当市政污水管无法全部接纳隔离区雨水量时，应设置雨水储存调节设施。

（3）参照现行行业标准《医院污水处理工程技术规范》HJ 2029和《医院污水处理技术指南》（环发〔2003〕197号），因地制宜建设临时性污水处理罐（箱），采取加氯、过氧乙酸等措施进行杀菌消毒。切实加强对隔离区污水消毒情况的监督检查，严禁未经消毒处理或处理未达标的污水排放。对隔离区，要指导其对外排粪便和污水进行必要的杀菌消毒。污水处理设施处理后的医疗污水符合现行国家标准《医疗机构水污染物排放标准》GB 18466的有关规定，才可排入市政管网。

（4）固体医疗废弃物需用专门容器装载密封，由专人通过污染通道收集运送至医疗废弃物暂存间集中，再转运至垃圾焚烧炉或专门处置场集中处理。医疗废弃物暂存间应设置围墙与其他区域相对分隔，位置应位于病区下风向处。医疗废弃物应采用环氧乙烷消毒灭菌后再进行焚烧。新冠肺炎相关的医疗废弃物危险性较高，必须注意转运过程的生物安全，当医疗废弃物数量较大时，设焚烧炉就地处理，应采用垃圾气化焚烧炉等先进技术，将焚烧处理产生的二噁英等废气污染降到最低。

4 生态恢复，降低对自然环境影响

充分利用原有场地条件，采用低影响开发理念，采取生态恢复和修复措施，降低建设对场地自然环境的影响。

1）保护场地完整性与连续性

场地内生态保护结合现状地形、地貌、植被、水系等进行场地设计与建筑布局，保护场地内原有的自然山体、水域和植被，保持历史文化与景观的连续性，保护场地的完整性。

2）优化绿化规划，有效隔离

（1）医学隔离观察临时设施应有完整的绿化规划，绿化规划应结合用地条件进行，合理选择绿化方式。种植适应当地气候和土壤条件的植物，且种植区域覆土深度和排水能力满足植物生长需求。

（2）与周边建筑之间应有不小于20m的绿化隔离间距。当不具备绿化隔离卫生条件时，其与周边建筑物之间的卫生隔离间距不应小于30m。扩建时应清理隔离区周边20m范围内与隔离区无关的设施；对于安全隔离距离不满足要求的附近建筑，应采取必要的隔离措施或暂停使用，并在明显位置标识为隔离区。

3）减少建造过程的环境影响

采用标准化设计、模块化施工，既能满足长期使用需要，使用后可快速拆除，有关部件经消毒处理即能再次周转使用。

5 施工组织与管理

5.1 测量控制

5.1.1 测量准备

1 技术准备

1）根据拟建场区的场容场貌和周边环境特点收集相关测量资料，控制点应按照规范要求进行埋设、保护。

2）组织人员会审图纸，掌握施工特点及工艺流程，对测量方案进行交底，并对坐标与高程系统、几何尺寸等进行复核，确保测量放样数据准确可靠。

3）施工前应将布设的测量控制网和已有控制网进行复测，以利于已完工程与后续工程测量控制衔接。

4）为有效且快速进行箱房楼栋的定位，根据已知箱房标准尺寸模数，需在建设场地上全面放样所有楼栋的网格线。

2 仪器配备

测量设备准备齐全，满足工程施工测量精度及进度要求，所有测量仪器必须保证在符合使用有效期内，所有仪器设备使用前应先进行自检，保证仪器处于正常状态。可采用表5-1所示的测量仪器。

测量仪器配置表　　　　　表5-1

序号	设备名称	用途
1	GPS接收机	控制点位复测、点位加密等
2	徕卡全站仪	平面控制网加密、复测
3	精密电子水准仪	高程控制网测量
4	普通水准仪	现场高程测量

5.1.2　施工测量

首先以建设方提供的基准点为起始依据，为保证工程测量控制整体性，测量工作开始前与建设单位、监理单位对所有基准点现场确认，并要求提供测量成果表，采用与原等级测量技术要求相同的测量方法对建设方提供的基准点进行复测校核，经复核并报验监理工程师检验合格后，可进行后续工程测量控制衔接。

1　平面控制网建立

为保证工程测量工作统一性、整体性和延续性，必须建立统一的控制网。平面控制网按照"先整体后局部，高精度控制低精度，长边、长方向控制短边、短方向"的原则，分两级进行布设，见表5-2。

平面控制网分级表　　　　　表5-2

控制网分级	布网形式	等级	主要作用
一级控制网	总控制网	一级	总体定位
二级控制网	轴线控制网	一级	建筑物控制

2 一级平面控制网

1）一级平面控制网布设

一级控制网点是工程整体定位依据，为保证工程测量工作的正确性，必须建立统一的平面控制网和高程控制网，进行严密平差计算。

2）一级控制点埋设

一级控制网点是施工现场整体定位依据，同时又是下一级控制网的基准点，因此，要求精度高且整个施工期间点位变形在允许误差之内。根据工程现场实际情况，控制点选在不受施工影响、安全稳固的地方，埋设永久混凝土预制桩，并用混凝土浇灌加固，保证在施工全过程中，相邻导线点能互相通视。

3 二级控制网

二级平面控制网依据一级平面控制网和总平面布置图，采用一级导线测量进行测设，参照一级精密导线技术要求实施，布置在施工现场建筑物轴线上或建立建筑物控制线。由于二级平面控制网布设在施工现场内，受施工影响比较大，因此，二级平面控制网定期根据一级平面控制网复核一次，并做好原始数据记录。

4 高程控制网建立

高程控制网以建设单位提供高程已知点为基础建立，高程与平面控制点宜共用同一点位。

5.2 基础工程

5.2.1 施工准备

1 施工策划

1)平面管理

依据施工顺序,合理安排材料进场并分类堆放;合理划分各施工区域。

2)交通组织

场区内、外道路有专人疏导,保持道路通畅。

3)场坪

因地制宜,将施工区域原有场地障碍物迅速清除,满足施工条件。施工道路宜采用永临结合布置,并应快速修复畅通。

2 图纸深化

1)箱房基础施工时,需考虑雨水、污水管道位置。基础选型依据箱房形式进行调整,如图5-1所示的内走廊式箱房、外走廊式箱房均有所不同。基础高度确定时,应考虑雨水、污

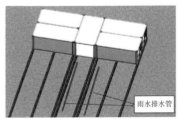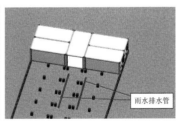

图5-1 雨水排水管深化设计

水排放坡度以及场地内外排水管道及排污井标高，防止雨水、污水倒流。箱房基础标高宜采用就近原则，1～2栋相邻箱房，在满足排水坡度要求下，就近选择一个最高点作为标高基准点，统一箱房基础高度。

2）箱房宜为一般标准件，方便支墩及雨污水管等布设。

3）箱房基础施工前应核对箱房明细表。防止存在箱房尺寸与箱房基础不一致的情况。

3　资源准备

1）组织架构

（1）组织原则：分工明确，全员参与，责任到人。

（2）组织机构：建议采用图5-2所示的组织结构。

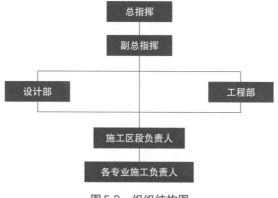

图5-2　组织结构图

（3）施工人员分配原则：楼栋较多时，施工人员工作分配应优先将长期合作或相互熟悉的人员、施工队伍划分到一个施工片区。每个施工片区采用两班倒或三班倒进行施工，过程中做好工作交接。

（4）管理人员分配原则：建议每栋至少配备2名现场栋号长，统一调度现场楼栋和施工场区外生产资源。

（5）信息沟通：宜采用微信群、QQ群等互联网社交平台进行信息的沟通与传递。

（6）劳动力组织

劳动力计划应根据工程量及工期要求，较正常施工人员数量多出1.5～2倍，优先考虑施工场区周边居民、工人和本市区内的专业施工队伍。

2）物资准备

（1）物资采购应坚持因地制宜、就地取材原则，确保物资快速供给。砌块宜采用常规MU10水泥标砖。砂浆宜采用M5预拌砂浆或袋装成品砂浆。混凝土采用商品混凝土，且强度不应小于C30（添加早强剂）。

（2）砌块等材料在运输过程中宜采用汽车吊进行运输、吊运，或采用叉车卸料，加快材料现场供应速度。

（3）物资分类就近堆放，保证场内作业面同时施工。

（4）箱房采购时需提前明确不同厂家箱房尺寸，并按箱房具体尺寸确保现场箱房基础施工要求。

3）机械准备

按照基础施工类型配备相应的施工机械，如挖掘机、装载机、压路机、叉车、吊车、三轮车、水车、发电机、太阳能路灯等。

5.2.2 施工部署

1 进度安排

箱房基础设计方案的施工工期宜为12h内，原则上不能超过24h。

2 工序安排

场内交通通畅时，尽可能全面进行展开施工。场内交通不通畅时，需提前考虑环形道路确保现场车辆通行，将现场主通道进行合理安排，分段流水施工。

3 穿插施工

地基与基础施工时可提前进行雨污水管道及化粪池等穿插施工；箱房组装及其他设备组装时可提前穿插室内用品组装。

在现场施工场地具备条件的情况下，可考虑厢房组装工作和基础同步进行，采用随车吊运输装卸，不让工作面闲置，缩短安装周期。

5.2.3 施工工艺

1 地基处理

1）因项目建设工期短，需综合考虑建筑体型、结构特点、荷载性质及施工条件的便利性，地基处理方式以天然基地和换填垫层为主，当以上两种地基形式不能满足承载力要求时，应考虑其他地基处理方法（图5-3）。

2）除基础埋深范围内为淤泥、淤泥质土或回填土等软弱土层外，均可采用天然地基。基坑开挖时，应避免扰动基底土层。

图5-3　换填地基

3）当基础埋深范围内存在垃圾土、杂填土、冲填土、耕田土及淤泥质土及其他高压缩性土层时，应采用换填垫层法进行换填处理。选择换填材料如：素土、灰土、砂石、废弃砖瓦混凝土生产骨料等，应综合考虑工程土质情况及材料运输便利性。垫层厚度、宽度及垫层的压实标准应依据具体地基情况、上部层数及基础形式按现行行业标准《建筑地基处理技术规范》JGJ 79计算确定。

4）湿陷性黄土场地上建筑物工程设计应根据建筑物类型及使用年限结合当地建筑经验和施工条件等因素，按照现行国家标准《湿陷性黄土地区建筑标准》GB 50025综合确定地基基础措施、防水措施、结构措施。当地基基础措施不能满足建设周期时，应选择较高级别防水措施及结构措施。

5）原状土地面

在原状土压实度满足承载力要求时，可直接在原状土上进行箱房基础施工；在原状土压实度不能满足承载力要求时，需对原状土进行换填或改良，在原状土含水率符合要求时可采用直接压实或1:6水泥土进行改良压实，在原状土含水率过大时应采用碎石或再生料进行换填或改良。

6）硬化地面

在原状土仍不能满足要求或改良、换填工作工期要求比较长时，可考虑采用混凝土/钢筋混凝土进行地面硬化；在气温较低或阴雨天气下可采用水稳（二灰石）材料及沥青进行硬化。

7）其他地面

人工处理场地承载力不足时，如垃圾回填场，可采用振动压路机碾压密实，基础采用筏型基础，具体根据设计受力验算确定。

2　基础施工

1）基础形式

依据上部结构形式及地基处理方式，地基较好的厢房优先采用砖基础，也可采用钢筋混凝土条形基础，基础计算及构造应同时满足现行国家标准《建筑地基基础设计规范》GB 50007，基础剖面如图5-4所示。基础平面布置及基础高度应结合上部结构、地基处理方式和各专业要求综合确定，厢房跨中不少于一个支撑点。

2）材料要求

砖砌体采用烧结实心砖，强度不小于MU10，砂浆强度等级不小于M5；外墙厚度不小于240mm，中间支撑点尺寸不小于370mm×370mm。混凝土基础强度等级不小于C30。

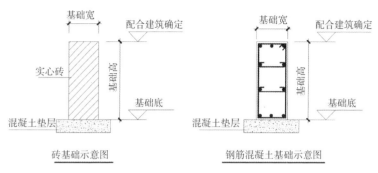

砖基础示意图　　　　　　　　　钢筋混凝土基础示意图

图5-4　基础示意图

3）普通砖基础

（1）在采用普通砖墩基础时，砖墩尺寸宜为370mm×370mm，箱房四周采用240mm砖墙进行密封围护（图5-5）。砖墩基础砌筑时应提前确认厢房尺寸，不同厂家生产的厢房尺寸稍有偏差，目前市面的单间箱房尺寸最大偏差在30mm以上，箱房较多时累计误差大，将会导致部分砖墩无法使用。

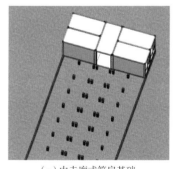
（a）内走廊式箱房基础

（b）外走廊式箱房基础

图5-5　砖墩基础

（2）砖基础施工过程中，为加快现场箱房施工进度，可局部采用混凝土条形基础，如图5-6所示。

（a）砖基础　　　　　　　　（b）混凝土条形基础

图5-6　基础样式

4）普通筏形基础

当建筑物上部荷载不均匀或者条形基础存在不均匀沉降时，宜采用筏板基础以增强基础整体性，筏板平面尺寸及厚度除满足承载力要求外，厚度不小于250mm（图5-7）。基础布置应满足排水及相关设备要求。

图5-7　筏板基础

5.2.4 质量控制

1 质量控制要点

箱房基础施工前应对楼栋控制线进行复核，明确基础标高。基础施工期间，应提前进行样板间确认，确认室内器具的布置位置，在满足使用功能的前提下尽量将卫浴等排水设备放置于箱房外侧，以便于加快施工进度。

2 工序移交

在箱房基础施工完成后，对轴线、尺寸、标高复核确认后移交箱房安装单位。

5.2.5 成品保护

1 在箱房吊装时禁止直接在基础上拖拽。

2 基础施工时需对可能需要预留的管道进行孔洞预留，减少后期因为管道安装对基础造成的破坏。

5.3 箱房安装

5.3.1 施工准备

1 施工策划

1）箱房安装前应对场地进行合理策划，将场地划分为房间堆放区、楼梯堆放区、走廊堆放区、组装区。

2）吊车位置应选择在建筑物两侧接近中间位置，吊车就位应平稳。

3）材料进场后采用吊车堆放在规划好的堆放区域，材料堆放时做好下垫上盖及排水措施，避免雨水浸泡。

4）箱房吊装施工前应编制专项施工方案；施工方案应包括工程概况、编制依据、施工计划、施工工艺、施工安全保证措施、施工管理及作业人员配备和分工、验收要求、应急处置措施、计算书及相关安装图纸等。

5）施工前，应准备好吊装所需的机械、设备及作业人员等，起重、司索等特种作业人员应持有效证件上岗。并应对施工作业人员进行安全、技术交底，如图5-8所示。

图5-8 现场吊装交底

6）施工前，应准备好吊装所用的照明、对讲机、撬杠、水平尺、水准仪及吊线锤等工器具，并应准备好用于调整标高的钢垫板，以及上箱房房顶所用的爬梯。

2 图纸深化

1）室内配套设施设计需考虑拼装难易程度，在保证使用功能的前提下尽可能采用易操作、易拼装产品，减少施工周期。

2）根据设计图纸结合板材规格尺寸合理确定门窗位置（图5-9），门位置应紧靠厢房角柱位置进行固定。走廊两端房间的门位置应靠相邻房间一侧安装，满足建筑物内外空气流通距离。走廊两端的防火门应居中设置成外开门，隔离间的门与其他功能房间的门应尽可能保证一定距离，避免相互污染。

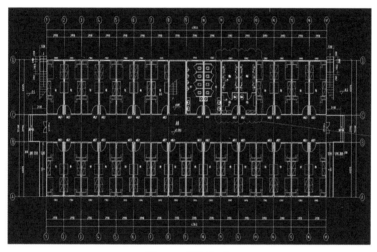

图5-9　图纸深化

3）考虑建筑美观，所有隔离间的门窗位置与房间位置关系应统一。外窗避开浴室位置的同时，相邻房间的窗间距不小于1000mm。楼梯间的窗应居中安装，隔离用房与非隔离用房尽可能做到最大窗间距。

4）窗户底标高安装高度应为距室内地面900mm处，空调安装高度为窗框顶部以上100mm处，预置窗帘盒安装位置时应避免影响吊顶安装。

5）门、窗框的宽度应与标准拼装墙板宽度一致（实际存在不同加工厂家之间门窗宽度与拼装墙板宽度不一致），如图5-10所示。门窗上下应有专用材料小板进行安装，减少门窗安装墙板裁切。

图5-10　门、窗宽度同标准板宽

6）顶棚吊顶宜采用一体式成品吊顶或电动卷帘式吊顶，顶棚管线、消防、弱电等提前深化设计，精准预埋，减少二次吊顶工期及成本费用，墙体四周上口预留墙板安装卡槽。

7）室内用电集成开关箱应设置在距墙不小于500mm处，且应避开浴室。

8）室外休息平台与室内高差不大于15mm且应做成缓坡，方便轮椅或推车通过；室外台阶、坡道的地面应采取一定防滑措施。

9）楼梯间应由厂家拼装成型，现场一次吊装完成。

3 资源准备

1）建立以项目负责人为第一责任人的项目管理团队（图5-11）。

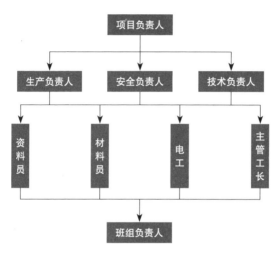

图5-11 项目管理团队

2）责任分工表参见表5-3。

责任分工表 表5-3

职务	责任
项目负责人	全面负责项目的施工组织
技术负责人	图纸深化、施工过程中的技术质量控制、参与材料进场后的质量验收工作
生产负责人	场地策划、材料进场后的卸车、所需材料计划的填报、劳动力的组织
安全负责人	安全教育及培训、施工机械设备的维修检查、作业过程中的安全检查、文明施工
主管工长	负责施工过程中的劳动力组织、安全教育、技术交底

职务	责任
材料员	按材料计划组织材料的进场及验收工作、零星材料及机具的采购、后勤保障
资料员	原材质量合格证明文件的收集整理、过程资料的收集填报
电工	施工用电管理、用电设备及夜间施工照明管理

3）人员、物资及机具配置

以单栋隔离单元为例，按两个作业面、两班连续作业进行人员、物资及机具配置，计划参见表5-4～表5-6，可根据现场情况适当调整。

人员计划表　　　　　　　　表5-4

序号	工种	数量	备注
1	管理人员	8	仅含吊装管理人员
2	测量工	2	
3	起重工	4	
4	安装工	16	
5	司机	4	
6	辅助工	8	

物资计划表　　　　　　　　表5-5

序号	名称	规格/型号	单位	数量	备注
1	钢垫板	$-16 \times 350 \times 350$	块	30	中间垫板
2	钢垫板	$-16 \times 200 \times 300$	块	34	周边垫板
3	钢垫板	$-16 \times 200 \times 200$	块	4	四角垫板
4	焊条	J422	包	2	焊接材料

备注：1.基础顶找平钢板，应由厂家加工好后运至现场；
　　　2.基础顶找平钢板，该数量按单层32间考虑。

机具、设备及仪器计划　　　　表5-6

序号	名称	规格/型号	数量	备注
1	25t汽车吊	QY25K5	2台	吊装标准使用机械
2	50t汽车吊	QY50K	2台	需要吊装接力时使用
3	水准仪	DS3	1台	测量仪器
4	经纬仪	DJ2	2台	测量仪器
5	电焊机	BH-400	2台	接地、楼梯等焊接设备
6	对讲机	—	12部	通讯工具
7	水平尺	1m	4把	测量复核
8	爬梯	3m、6m铝合金爬梯	各2副	安装措施
9	磁力线锤	—	4个	施工测量
10	撬杠	—	8个	吊装工具
11	LED灯	500W	8个	夜间照明
12	吊带	5t	10条	吊装吊具
13	卸扣	2t	10个	吊装索具

4）标准箱房参数

标准箱房单元参数详见表5-7，其中，房间单元和走道单元构造样式详见图5-12。

标准箱房单元参数（单位：mm）　　　　表5-7

类型	长度	宽度	高度	重量（t）
房间单元	6055	2990	2896	1.3
走道单元	5990	2990	2896	0.8
整体卫浴、家具家电及配件等				0.5

5）箱房的采购应选择与公司长期战略合作且质量可靠、供货能力强的供货商。做好详细的购货清单及供货时间安排。

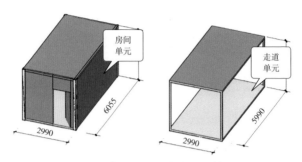

图5-12　房间单元和走道单元轴测图

6）箱房所用的材料应合理装车，做好原材保护措施，防止挤压变形、漆面磨损等现象。

7）材料验收

（1）箱房单元及构配件必须进行进场检查，并提供出厂质量合格证明文件。出厂质量合格证明文件至少应包括下列内容：合格证、整箱清单、检测报告、出厂检验报告。检测报告是指主要材料及构配件相关性能检测报告，应包括钢材、节能材料和建筑门窗、部品、家具等。出厂检验报告应包括箱房的规格、尺寸、配置、外观质量、装修质量、焊接质量、防火、防腐工艺质量等内容。

（2）柱、梁、连接件及其他受力构件不应有缺损。

（3）吊装用机械、吊索具及爬梯等验收合格。

（4）箱房明显部位应标明生产单位、构件型号、生产日期等标志，并在显著位置粘贴验收标签。

4　工序交接

箱房吊装前对基础进行检查、验收，并应符合下列规定：

1）基础的验收包括对基础的平面位置和顶面标高等进行复测、复核及验收，合格后方可进入下一道工序，基础混凝土强度应达到设计强度的70%，方可进行安装。

2）吊装前，依据主控轴线和基础平面图、基础外轮廓线、断面尺寸、垫层标高（高程）、排水沟坡度等进行抄测并填写基础平面及标高实测记录。

3）基础顶面标高、轴线的允许偏差如表5-8所示。

基础验收允许偏差（单位：mm） 表5-8

序号	检查项目		允许偏差（mm）
1	基础顶面	标高	±3
2		平整度	$L/1000$（L为基础长度）
3	轴线		±5

4）基础承台上应放置钢板，中间位置大板，外侧小板。

5.3.2 施工部署

1 施工组织流程参见图5-13。

2 施工进度计划参见表5-9。

3 快速吊装部署

1）所有隔离建筑平面中的标准房间单元布置为（180°旋转）中心对称，提高拼装、吊装效率。

2）充分发挥箱房预制装配的特性和优势，因地制宜，就近选择场外拼装，优化运输路线，减少箱房运输对现场道路施工的影响，实现场内外平行流水作业。

3）为确保工程质量，在场外拼装箱房时，将墙板、门、

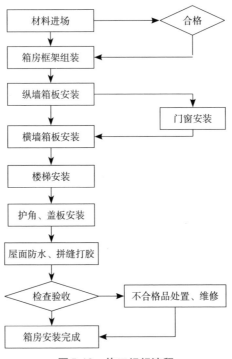

图5-13 施工组织流程

施工进度计划表 表5-9

施工内容	1d	2d	3d	4d	5d
箱房组装	▬▬▬▬▬▬▬▬	▬▬▬▬			
箱房吊装		▬▬▬			
纵墙板安装			▬▬▬▬		
门窗安装			▬▬▬		
横墙板安装				▬▬▬	
楼梯安装				▬▬▬▬	
护角及盖板安装					▬▬
屋面防水及门窗打胶					▬▬

窗及主要电气一次完成，吊装后结构一次成活，减少现场材料构件污染和垃圾清运。

4）提前在场外拼装场地将整体卫浴、家具电器等装入箱房内，一次运输到现场，吊装就位，减少搬运工作量，提高工作效率。

5）项目各项现场管理按"两班倒"连续作业配置，保证施工效率。

4 施工平面布置

箱房吊装应根据现场情况确定吊机数量及吊车站位，以确保能快速吊装。以单栋隔离单元为例，通常箱房平面布置长度最大不超过48m，宽度不超过15.2m，宜设置两台汽车式起重机作业，保证吊装过程吊车不移位，具体如下：

1）吊车施工平面布置

当现场道路通畅时，箱房运输车辆可达到吊装回转半径范围时，可直接选用两台25t汽车式起重机进行吊装作业，具体位置如图5-14所示，两台起重机中心距离24m，起重机中心距离建筑物边12m，此时最大回转半径19.2m，臂长38.5m，最大吊重2.16t，满足吊装需求。

2）接力吊装施工平面布置

若现场道路不通畅或正在修路，需要较远距离进行卸车。接力车宜选用两台50t（或50t以上）汽车式起重机进行接力吊装，具体位置如图5-15所示，两台起重机中心距离24m，起重机中心距外围一侧12m，此时最大回转半径24m，臂长

40.1m，最大吊重2.1t，满足吊装需求。

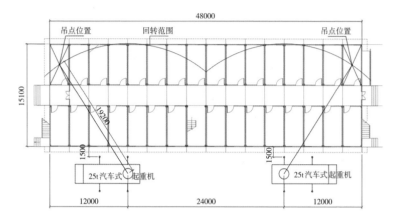

图5-14　吊装平面示意图

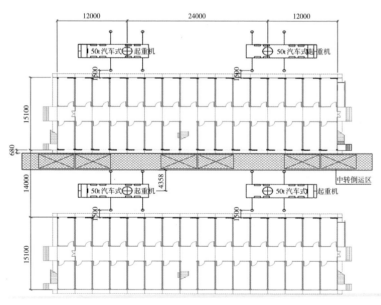

图5-15　接力吊装平面示意图

5.3.3 施工工艺

1 箱房拼装

1）吊装前，应先拼装为整体箱房，再进行吊装作业。箱房拼装应按照下列顺序进行拼装：

（1）底框、角柱、顶框依次按顺序拼装；

（2）墙板安装；

（3）门窗安装；

2）角柱内雨落管、角柱包件支撑安装；角柱内雨落管安装时，应先将水管插头插入底部角件孔中，将落水管上口装至顶框角件管口处，再连接管下部与水管接头。安装的雨水管必须完全插入角件落水孔，雨水管无破损。

3）箱房拼装完成后，将门窗套与室内墙板交接处打胶、密封；墙底端压件安装及外立面打胶。

4）箱房拼装时底箱必须找平，保证在同一水平面上。立柱拼装时用水平尺靠垂直，成形后应进行立体对角拉方，确保箱房方正。

5）房间内吊顶高度应根据立柱阴角板高度确定，不应高于阴角板，以免影响后续配件安装效果。

2 吊装

1）吊装宜选用两台不小于25t汽车式起重机进行箱房单元吊装，避免吊车挪位，如图5-16所示。

2）现场宜先吊装走道单元再吊装房间单元，平面上应由端部向一侧顺序扩展，如图5-17所示。两台以上吊车作业时，

图 5-16　吊车实景图

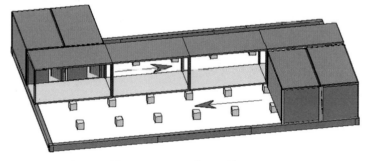

图 5-17　平面吊装顺序轴测图

也可采用从中间向两侧依次扩展安装。

3）箱房单元采用整体吊装方法吊装时，吊点宜选用箱房底部，吊带应位于不影响箱体连接的位置，有利于装卸，如图5-18所示；吊装过程中当有两个面相连的，吊点应选用箱房顶部，应采用人字梯或爬梯作为上下人措施，如图5-19所示。

4）吊装作业时应有1名指挥人员和4名安装人员，由起

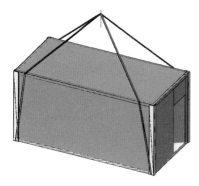

图5-18 箱房底部吊装示意图　　图5-19 箱房顶部吊装示意图

重工进行指挥吊装，采用4根等长吊带及4个U形卡环分别挂在箱房单元顶部四个角的专用吊装孔，固定好后慢慢起钩，待水平及稳定后进行起吊，然后平稳转至指定吊装位置缓慢下落，4名安装工人分别对准控制线就位。吊装就位过程应先调整标高，再调整中心位移，最后调整垂直偏差。箱房单元平面外边尺寸为6055mm×2990mm，现场轴线尺寸为6055mm×3000mm，即安装时箱房单元边应距离轴线5mm。

5）首层箱房安装完成并验收合格后进行二层厢房吊装，吊装顺序及要求按照一层箱房吊装标准执行。

6）箱房单元之间的外锁和内锁连接，保证箱房整体稳固。

7）箱房吊装完成后，开始箱体之间扣板等零部件安装，吊顶板待强、弱电施工完成后实施，待所有零部件安装完成后进行门窗等缝隙部位的打胶作业。

8）箱房吊装完成后，开始室外楼梯安装，先安装悬挑梁，再安装立柱，再安装踏步梯段，最后安装平台及栏杆，依次安装完成。

9）走道吊顶板应统一标高通铺，连接至房间单元墙板上。

10）立柱阴角板宜设置三个卡子，其中两个卡子位置分别设置在距离顶部和底部200mm，另外一个设置在中间；如采用两个卡子，则位置在上、下四等分处。

11）室外楼梯踏步应和走道板上平面平齐。

12）吊顶安装完成后两侧宜进行螺钉固定，防止吊顶掉落。

13）箱房单元与箱房单元之间、房间单元与走道单元之间的扣板、扣槽、过道板等零部件安装较为简单，其重点是分类清楚，确保数量的同时不安装错位。安装完成的成品外观平直、不变形即可。

5.3.4　吊装质量控制

1　箱房单元表面干净，无油污、泥砂和灰尘等杂物。

2　箱房单元在运输、存放和安装过程中损坏的涂层应补涂。

3　箱房单元安装允许偏差，详见表5-10。

箱房安装允许偏差（单位：mm）　　　　表5-10

序号	项目	允许偏差（mm）	检验方法
1	箱房底水平高差	组合箱房总长/600且≤10	水准仪
2	箱房底边框错位	≤5	钢卷尺
3	定位轴线偏差	±5	钢卷尺
4	单层箱房垂直度	±10	线坠
5	多层箱房垂直度	$H/800$，≤15	线坠、钢卷尺

序号	项目	允许偏差（mm）	检验方法
6	走道板、踏步水平度	$L/1000$，$\leqslant 15$	水准仪、水平尺
7	走道板表面平直度	5（局部），10（整体）	水准仪
8	箱房顶水平高差	组合箱房总长$/400$且$\leqslant 15$	水准仪
9	箱房顶边框错位	$\leqslant 5$	钢卷尺
10	箱房顶部标高	± 5	水准仪、钢卷尺

4 连接节点的全部紧固件，应紧固、无松动。

5 吊装完成后墙板应平整清洁，接槎顺直，纵横搭接缝均呈直线，接缝均匀整齐，严密无翘曲。

5.3.5 成品保护

1 箱房所用的材料应满足设计及规范要求，无污染、无变形。

2 箱房的组装应连接可靠。

3 楼梯、栏杆扶手等应可靠安装、焊接牢固。

4 门窗五金安装到位，外墙应四边打胶密封，避免雨水渗入。

5 屋面无积水、无渗漏。

6 护角、盖板安装到位，有明显缝隙的部位应打胶密封。对于大于15mm的缝隙应先注入发泡胶，然后用密封胶处理。

5.4　给水排水工程

5.4.1　室内热水与饮用水系统

1　施工准备

1）深化设计

（1）设计提资及审图要点

①施工图齐全，现场经建设单位、设计单位、监理单位和施工单位联合确认，同步制定实施方案；

②设计图纸、施工方案、技术标准、规范、图集等相关施工技术文件应齐全有效；

③给水接驳点位进行深化，确认放线定位；

④热水器固定点位进行深化，确认放线定位。

（2）物资调配收集技术参数要点

电热水器参数：型号、容量、额定功率、额定最高温度。现场可根据实际调配设施进行调整，其用电负荷及相关参数应与实际调配设施保持一致。

（3）与房屋建筑专业协调样板间

与土建专业配合提前做好样板策划，便于后续施工作业的大面积展开（图5-20）。

2）施工标准及技术要点

（1）连接热水器与用户自来水管的管路应具有一定的强度和韧性，为保证用户的使用安全，管路耐高低温、耐压、耐腐

图5-20　隔离间样板

蚀等性能应达到国家标准。管路的使用寿命应不低于热水器的使用寿命，一般以"年"为单位。

（2）安装面的承载能力应不低于热水器注满水后4倍质量，必要时采取加固或防护措施，以确保热水器的安全运行和人身安全。

（3）热水供应系统安装完毕，管道保温之前应进行水压试验。试验压力应符合设计要求。当设计未注明时，热水供应系统水压试验压力应为系统顶点的工作压力加0.1MPa，同时在系统顶点的试验压力不小于0.3MPa。检验方法：钢管或复合管道系统试验压力下10min内压力降不大于0.02MPa，然后降至工作压力检查，压力应不降，且不渗不漏；塑料管道系统在试验压力下稳压1h，压力降不得超过0.05MPa，然后在工作压力1.15倍状态下稳压2h，压力降不得超过0.03MPa，连接处不得渗漏。

（4）给水管道在系统运行前须用水冲洗和消毒，冲洗用水的流速不应小于1.5m/s，并符合《建筑给水排水及采暖工程施工质量验收规范》GB 50242—2002的规定。生活给水管道交付使用前必须冲洗消毒，并经有关部门取样检验，检验结果应符合国家《生活饮用水卫生标准》GB 5749。

（5）污水在进入市政排水管网前必须经过化粪池无害化处理，并按照《新冠肺炎疫情期间医学观察和救治临时特殊场所卫生防护技术要求》WS 694进行消毒处理，消毒后污水应当符合《医疗机构水污染物排放标准》GB 18466。

（6）应急工程应注重阀门、软管的使用功能测试，必要时可以采用气压法检测管路气密性。

3）主要施工材料及重要配件

参见表5-11。

主要施工材料及重要配件 表5-11

序号	名称	规格	材质
1	电热水器	60L	
2	PPR给水管	$De25$	PPR塑料管
3	角阀	$DN15$	不锈钢

4）主要施工机械、设备

（1）手提电焊机；

（2）锂电池手枪钻；

（3）PPR热熔机；

（4）扳手、螺丝刀等小工具应按施工需要选用。

5）施工用计量器具

（1）压力表；

（2）水平尺。

2　施工部署

1）进度安排

室内热水与饮用水系统每栋系统整体安装时间不得超过16h。

2）工序安排

整体尽可能根据主体进度有效合理穿插进行。

3）穿插施工

（1）结构框架完工时，可提前预制安装支架。

（2）外墙施工完成可进行立管及外墙开洞工作。

3　施工工艺

1）热水器安装

为解决箱式活动房墙体承载力不足的问题，热水器不能直接挂墙安装（图5-21～图5-23）。施工时，可通过现场实地考察，深化设计方案，结合电热水器安装说明书，对热水器支架进行改良优化。支架改良时采用扁钢制作，将支架悬挂固定于主体框架型钢上。若现场无法悬挂，可采取焊接形式固定，焊接位置应进行防锈处理。

2）热水器配管

热水器进、出水管道可采用PPR管热熔连接或铝塑复合

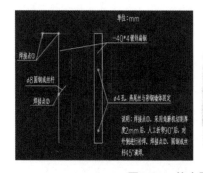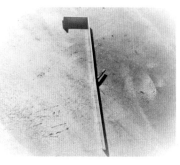

图5-21 热水器支架大样图

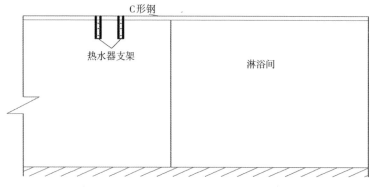

图5-22 热水器支架安装图

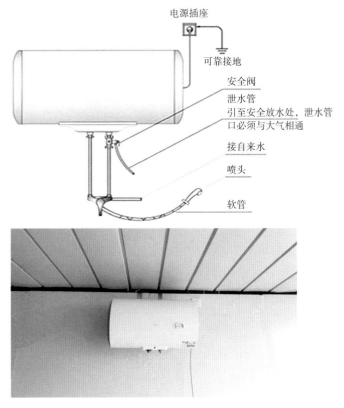

电源插座

可靠接地

安全阀

泄水管
引至安全放水处,泄水管
口必须与大气相通

接自来水

喷头

软管

图5-23 热水器安装实例

管管件连接;管线沿墙体明敷,并采用与管材相匹配的专用管卡进行固定。施工时应严格执行相关施工工艺标准,同时应对管道穿墙等位置进行必要的封堵,避免水、气外漏(图5-24)。

4 质量控制

1)电热水器安装前须确定一体式集成卫生间位置及冷、热水管道走向。支架固定点两侧高度尺寸偏差不应超过2mm。

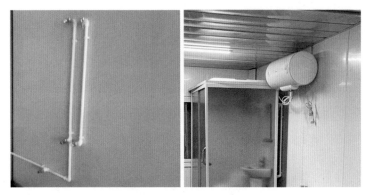

图5-24 热水器安装及配管

在避免空间影响的同时，确定冷、热水管道走向，检查支架固定点的型钢龙骨是否具备安装条件，明确连接形式如：机械连接、焊接、悬挂等。待支架安装完成且确保安装质量后，开始安装电热水器。热水器安装应选择相对干燥且通风良好的位置，避免安装在阳光可以直接照射的地方，防止热水器壳体在紫外线的长期照射下加速老化。

2）进、出水管敷设应横平竖直，管道走向"左热右冷"，出水管（热水）上不应安装阀门，避免因误操作影响出水量和使用功能。

3）冷、热水管不宜采用金属编织软管，必要时宜采用波纹管，安装须顺直，弯曲角度须为90°。

5　成品保护

热水器使用时温度建议不超过65℃；且不得热水器内无水时加热热水器，造成干烧。

5.4.2 一体式集成卫生间安装

1 施工准备

1）深化设计

（1）设计提资及审图要点

①施工图齐全，现场经设计单位、建设单位、监理单位和施工单位联合确认，同步制定实施方案；

②设计图纸、施工方案、技术标准、规范、图集等相关施工技术文件应齐全有效。

③排水管深化排布，确定位置，进行一体式集成卫生间底座放线定位。

（2）物资调配收集技术参数要点

卫浴宜选用整体卫浴；

座便器宜选用水箱容积不小于5L的低水箱座便器；

洗脸盆宜选用立柱盆；

整体卫浴与房屋建筑专业协调样板间如图5-25所示。

图5-25　样板间大样图

2）施工标准及技术要点

（1）卫生间地面与同层地面相同时，则整体卫浴间地面与同层地面高度差不大于200mm。

（2）卫生器具交工前应做满水和通水试验。

（3）与常规民用机电工程不同，供水阀门必须安装在外部，便于关断检修。

3）主要施工材料及重要配件

参见表5-12。

主要施工材料及重要配件　　　　表5-12

序号	名称	型号	规格	材质
1	整体卫浴		1600mm×1000mm×2200mm	SMC玻璃钢
2	坐便器	低水箱	5L	陶瓷
3	洗脸盆	立柱式	530mm×425mm×865mm	陶瓷
4	给水管		De63	PPR
5	给水管		De63	PPR
6	排水管		D160	UPVC
7	排水管		D110	UPVC
8	排水管		D75	UPVC
9	排水管		D50	UPVC

4）主要施工机械、设备

（1）锂电池手枪钻；

（2）PPR热熔机；

（3）锂电池手持角磨机；

（4）开孔器、扳手、螺丝刀等手动工具。

5）施工用计量器具

（1）压力表；

（2）水平尺。

2　施工部署

1）进度安排

一体式集成卫生间安装每套安装时间不得超过45min，整体时间控制在8h。

2）工序安排

需要在室外给水排水管道施工完成后进行安装。

3）穿插施工

（1）排水管道安装完成后，安装底座；

（2）给水管道各个接驳点安装完成后，安装侧板。

3　施工工艺

1）一体式集成卫生间安装

一体式集成卫生间底板承载力是其安全可靠运行的关键，选择物资材料时应进行承载力测试，除核查材质检验报告，还应进行人体体感测试。防止因底板刚度不足造成洁具与底板连接失效，造成密封破坏引发漏水，或因底板刚度不足造成使用过程中因受力变形导致地漏高度变化，引起积水或排水不畅（图5-26）。

一体式集成卫生间底板宜采用带加强网格肋板的结构（图5-27），如强度不足时须采取补强加固、整体抬高等其他措施进行调整；排水部件组装后的标高应小于支座可调节高度。

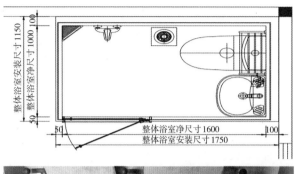

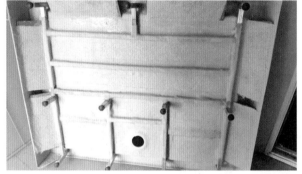

图5-26 平面尺寸及底板展示

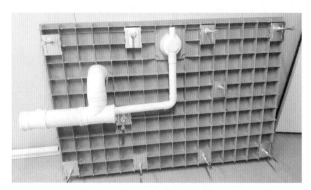

图5-27 底板管道安装

安装步骤：室外排水接管可提前根据集中隔离房间结构标高、排布方式等进行预制加工和试装；室内一体式集成卫生间到货验收后，须组织试装配；根据室外给水排水管道和室内一体式集成卫生间的试装确定开孔位置；并完成系统试装配和试验验证（表5-13）。

整体卫浴安装步骤　　　　　　表5-13

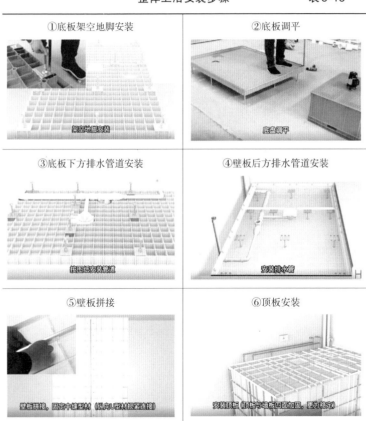

①底板架空地脚安装	②底板调平
架空地脚安装	底盘调平
③底板下方排水管道安装	④壁板后方排水管道安装
按图纸安装管道	安装排水管
⑤壁板拼接	⑥顶板安装
壁板拼接，固定中连型材（纵向U型材把紧连接）	安装顶板（顶板与墙板四周加固，更为稳定）

2）管道安装，见表5-14。

管道安装　　　　　　　表5-14

（1）活动板房墙面开洞	（2）给水管道安装
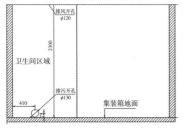	
（3）排水管道入户安装	（4）坐便器底座法兰盘安装
	在法兰橡胶密封圈内涂抹一遍密封胶，要求采用胶枪涂抹均匀、饱满、无断点
（5）坐便器安装及打胶	（6）洗脸盆安装
在坐便与地面划出十字定位线，找正位置，安装坐便器。安装完成后采用密封胶密封底座	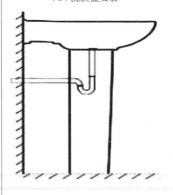

3）管道穿墙及支架安装

管道穿墙采用开孔器开孔，条件具备时宜加装钢套管，管道与套管之间、套管与墙体之间应采用不燃耐火材料进行填充，保证密封性，当填充存在缝隙时，应采用铝箔胶布、密封胶等进行密封；管道外宜加装饰圈，美观大方（图5-28）。

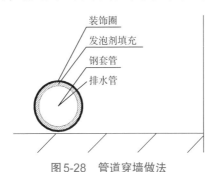

图5-28　管道穿墙做法

现有PVC支架固定形式多为膨胀螺栓，无法与箱式活动房连接，现场宜采取自钻丝将支架固定于箱式活动房钢梁（柱）上（图5-29、图5-30）。

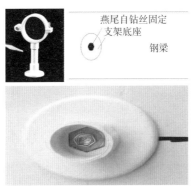

图5-29　支架样式及固定方式

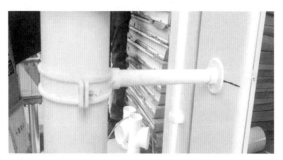

图 5-30　管道安装实例

4　质量控制

1）镜子、玻璃、陶瓷等易碎品放置时，应在其底部设柔性垫块或专用支架，避免发生碰撞或损坏。

2）一体式集成卫生间框架由底板、墙体、滑动门、顶板等组成。安装时应防止出现晃动或较为严重的形变；底板应与排水管道粘结牢固，条件允许时宜采用专用法兰进行连接，避免使用过程出现脱落、渗漏。

3）一体式集成卫生间安装完成后需进行给水管检漏。检漏时应从进水口注入常温清水，排除管内空气，然后关闭浴室内所有供水管的终端阀门，用试压泵打压至压力为0.9MPa，保持压力2min以上，无渗漏现象。试验中应徒手关闭阀门，不得借助其他辅助工具。

5　成品保护

1）地漏及马桶不得倾倒建筑垃圾。

2）玻璃门及镜子属于易碎物品，张贴易碎标识，防止碰撞、破坏。

5.4.3　室内消防水系统安装

1　施工准备

1）技术参数要点

轻便消防水龙柜（1200×550×160）内配置ϕ6mm直流喷雾喷枪一支，DN25mm×30m轻便消防水龙一条，消防柜下部配置2具手提式磷酸铵盘干粉灭火器。

2）施工标准及技术要点

（1）水带按《轻便消防水龙》XF 180—2016标准6.4.3条进行耐压性能试验，在1.5倍设计工作压力下，应无渗漏现象；在3倍设计工作压力下，不应爆破和泄漏。

（2）区别于一般民用和工业建筑，集中隔离医学观察点室内消防供水采用轻便消防水龙（图5-31），若轻便消防水龙从小区或建筑物内的生活饮用水管道上直接接出下列用水管道时，应在用水管道上设置真空破坏器等防回流污染设施。

图5-31　轻便式消防水龙

3）主要施工材料及重要配件

参见表5-15。

主要施工材料及重要配件　　　表5-15

序号	名称	型号	规格	材质
1	轻便消防水龙柜		1200mm × 550mm × 160mm	钢
2	真空破坏器	水平直通型	$DN15$	铜
3	给水管		$De32$	PPR
4	球阀		$DN25$	铜

4）主要施工机械、设备

参见表5-16。

主要施工机械、设备　　　表5-16

机械			工具		
序号	名称	参考规格	序号	名称	参考规格
1	充电手枪钻	配钻头 $\phi8\sim\phi16$	1	梯子	铝合金3m
2	充电角磨机	磨片、切割片	2	钳子	
3	工作灯	LED 充电	3	内六方	多规格
4	灯带	LED	4	管钳	多规格
5	切割机	220V			
6	电动螺丝刀	充电			
7	冲击钻				
8	热熔机				
9	试压泵				
10	空压机	吹扫			

5）施工用计量器具

（1）压力表；

（2）水平尺；

（3）钢卷尺。

2 施工部署

1）进度安排

室内消防水系统每栋安装时间不得超过12h。

2）穿插施工

主体施工完毕后可进行室内消防水系统施工。

3 施工工艺

1）消防水龙柜安装

固定箱体应采用通丝杆穿墙固定，螺栓与墙面之间设置外径30mm垫片，取靠近箱体内角的四点固定，安装后经承载力验算，满足箱体及内部配件承载要求（图5-32）。

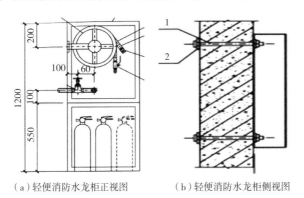

（a）轻便消防水龙柜正视图　　（b）轻便消防水龙柜侧视图

图5-32　消防水龙柜

1-通丝杆；2-垫片、螺母

2）真空破坏器安装

参见图5-33。

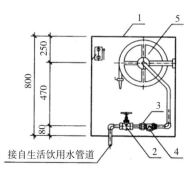

图5-33　水平直通型（压力型）真空破坏器安装示意图

1- 轻便消防水龙柜；2- 阀门；3- 活接头；
4- 真空破坏器；5- 消防软管卷盘

4　质量控制

1）箱体应固定牢靠，箱门开启灵活；

2）箱内管道应采用支架固定在墙壁或箱体上；

3）卷盘应能保证灵活旋转，避免安装在门轴侧面；

4）真空破坏器应正确安装，进气口应向下，且距下方障碍物的最小净距不应小于真空破坏阀的公称尺寸。

5　成品保护

（1）消防水龙柜不得用于临时用水使用；

（2）玻璃门体属于易碎物品，张贴易碎标识，需要注意非紧急情况下的碰撞损坏。

5.5　通风与空调

1　施工准备

1）深化设计

（1）施工图齐全，现场经设计单位、建设单位、监理单位和施工单位联合确认，同步制定实施方案。

（2）设计图纸、施工方案、技术标准、规范、图集等相关的施工技术文件应齐全有效。

（3）室内、外机安装前，应按房间使用功能和室内布局规划确定室内机安装区域及气流组织形式，综合考虑气流衰减、围护结构热传递等影响因素后，并再次复核空调设备的冷负荷、热负荷、风压、噪声等设计参数是否满足使用要求。

（4）依据设计图纸，结合房间结构板规格及门窗和整体卫浴位置，明确室内安装位置。室内机安装位置如图5-34、图5-35所示。

（5）空调设备进场后，室外机基础应施工完毕，达到设备安装条件。复核现场室外机设备基础的位置、尺寸及强度。确保室外机应安装在经过设计有足够强度的水平设备基础之上。

（6）室外机基础宜采用若干块道牙石与砂浆结合方式砌成墩台；当二层室外机需放置在屋面上时，须通过固定支架与箱房钢梁进行可靠连接；建议采用镀锌螺栓进行机械连接，当现场条件限制等情况时，固定支架与结构主体可采用焊接的方式进行有效连接。采用焊接时，须对焊接位置进行防锈

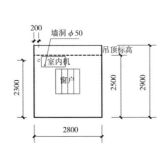

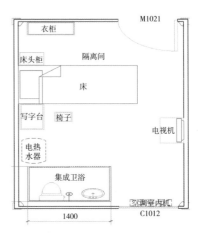

图 5-34　室内机布置立面图　　图 5-35　室内机布置平面示意图

处理。

2）施工标准及技术要点

供暖通风及空调施工时，应符合《通风与空调工程施工质量验收规范》GB 50243—2016 第 8.1.1 条、第 8.2.1 条及第 8.2.2 条的有关规定。

3）主要施工材料及重要配件

（1）室内、外机的实际性能参数应满足设计要求，质量符合现行设备、材料技术标准要求。当室内外机参数与设计值不相匹配时，实际性能参数应高于设计值。

（2）管材、阀门应符合设计要求，并具有出厂合格证明和质量证明文件。

（3）制冷剂管材应符合下列规定：

铜管的几何尺寸符合有关标准要求，内外壁均应光滑、清洁，无疵孔砂眼、粗划痕、裂缝、结疤、层裂、绿锈或气泡等缺陷。

管材截面圆度和同心度应良好。

施工前，管材应进行除锈、清洗、脱脂处理。

现场临时堆放的管材时，应将管口封闭，并保持管材干燥、密封。

绝热材料应采用不燃或难燃材料，其材质、密度、规格与厚度应符合设计要求。

室内、外机配套的电气设备及导线的型号规格应符合设计要求。选用的导线、电缆及电气附件应属于经国家强制检测的产品。

4）主要机械设备

（1）施工机械：真空泵、电焊机、砂轮切割机、手持砂轮机、台钻、电锤、榔头等。

（2）工具用具：气焊工具、铜管扳边器、铜管切割器、胀管器、弯管器、扩口器、毛边铰刀、套筒扳手、梅花扳手、活扳手等。

（3）消防器材：灭火器、干沙、防火铁锹等。

5）施工用计量器具

钢直尺、钢卷尺、角尺、压力表、线坠、水平尺等。

2 施工部署

1）进度安排

空调与通风系统每间安装时间不得超过30min，整体系统安装完成时间应控制在7h以内。

2）工序安排

结构施工完成后进行通风与空调系统施工。

3）穿插施工

（1）空调系统调试安排在动力电源调试完成后进行；

（2）室外机安装在基础强度达到要求后进行。

3 施工工艺

1）施工工艺流程如图5-36所示。

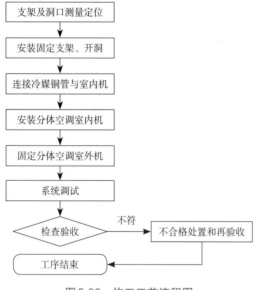

图5-36 施工工艺流程图

2）空调工程安装

（1）洞口及支架测量定位

根据图纸要求，确定室内机安装的具体位置。根据空调室内机的位置对室内机支架的位置进行定位，并对冷媒铜管穿越墙体的孔位进行标记。

（2）安装室内机固定支架、开洞

根据定位线安装空调室内机固定支架，室内机支架应牢固稳定。冷媒铜管孔位穿越墙体的孔位宜采用开孔器在外墙对应的标记位置钻孔。

（3）冷媒铜管的绝热保温

当需对冷媒铜管的绝热材料进行粘结时，粘结缝应相互错开，不应出现十字交叉缝，外层的水平接缝应设在侧下方。

（4）连接冷媒铜管与室内机

冷媒铜管、电源线、控制线、冷凝水管应绑扎在一起，避免水分、脏物、灰尘等进入冷媒铜管内；冷媒铜管与室内机应连接成整体；冷媒管穿墙时，应将管头包扎严密。

（5）安装分体空调室内机

根据室内机的定位线，将分体空调室内机与其固定支架连接牢固，室内机安装位置应正确，并保持水平；室内机安装位置应便于安装与维修。

（6）安装冷媒铜管

冷媒铜管穿越墙体应安装钢制套管，套管直径应大于管道直径两个等级，且空调管线的接口不应置于套管内。冷媒铜管与套管之间的空隙应采用防火材料封堵，不应将套管作为管道的支撑。对于有特殊隔离需求的房间，管道穿越墙体的洞口内外侧均应采取密封处理措施。冷媒铜管穿越墙体预留洞伸至室外，等待与室外机相连。

（7）安装分体空调室外机

①室外机搬运、吊装应保持垂直，倾斜不应大于45°；

②室外机与基础连接应可靠牢固；

③当空调室外机噪声大于有关规定时，应采取隔声措施；

④基础高度应满足冷凝水排放的要求；

⑤屋面安装室外机的基础高度应大于当地最大积雪厚度。

（8）安装冷凝水主管

①冷凝水管道管材宜采用排水塑料管或热镀锌钢管，管道应采取防凝露措施。

②冷凝水管道一般采用PVC管道承插粘结连接。安装时，管道坡度、坡向应符合设计要求。当坡向排水口无设计要求时，干管坡度不宜小于0.8%，支管坡度不宜小于1%。

③PVC管材和管件的内外壁应光滑平整，无气泡、裂纹和明显的痕纹、凹陷，色泽应基本一致，管材的端面应垂直于管材的轴线。管件应完整、无缺损、无变形。

④冷凝水管道的切口不应有缩颈或毛刺，水平敷设不宜过长，一般冷凝水管长度不宜超过20m，且不应有任何凹凸走向。冷凝水管的立管顶部宜设置透气口，以利排水畅通。

⑤冷凝水管道安装结束后，应进行管道满水试验、排水通

水试验。

⑥当室外温度低于冷凝水管的露点温度时，会产生二次冷凝水，冷凝水管应保温。

（9）系统调试

空调系统应在充灌定量制冷剂后，进行系统地试运转。

①系统应能正常输出冷风或热风，在常温条件下可进行冷热的切换和调控，室外机的试运转除应符合设备技术文件和现行国家标准《制冷设备、空气分离设备安装工程施工及验收规范》GB 50274的有关规定外，尚应符合下列规定：

a.机组运转应平稳并无异常振动和声响；

b.各连接和密封部位不应有松动、漏气、漏油等现象；吸、排气的压力和温度应在正常工作范围内；

c.能量调节装置、各保护继电器、安全装置的动作应正确、灵敏、可靠；

d.载冷剂的温度（使用时）符合要求；

e.电动机的电流、电压和温升符合要求，且正常运转不应小于8h。

②室内机运转不应有异常振动和声响，百叶板动作应正常，不应有渗漏水等现象，运行噪声应符合设备技术文件要求。

5.6　电气工程

5.6.1　低压配电系统

1　施工准备

1）深化设计

（1）与设计提资及审图要点

设计主要包括以下系统：室外电气、供电干线、电气照明、防雷接地。

深化内容：室外电气和供电干线各分项施工内容及要求应按集中隔离医学观察点总体布置和隔离用房形式确定。配电回路应按配电区域划分单独设置，并应满足隔离房间和各分区用电需求。当条件允许时宜设置配电小间，规划线缆敷设路径及形式应充分考虑应急工程建设和使用过程中的运行维护，关注线缆绝缘及防护、三级配电箱（柜）系统及位置等，对直埋线缆应采取必要的保护和标识措施。主回路配电箱（柜）应设置在公共区域，隔离房间的配电箱宜设置在公共区域，且不应阻碍通道。隔离房间供电系统应遵循供电可靠、检修方便、安全灵活、经济合理的原则，确保做到三级用电、两级保护，各隔离房间应采取独立回路供电，设计负荷不宜低于4kW，涉及医疗设施使用的建议按6～8kW考虑。每个隔离房间根据陈设功能宜设置不少于3个220V五孔插座；当条件无法满足时，可适当减少插座布置，并配备接线插排。若有其他用电取暖设备使用需求时，应单独设置供电电源回路，并应由管理人员集中、分时控制，减少火灾隐患。

（2）物资调配收集技术参数要点

①照明和插座应由不同的电源回路供电。所有的照明和插座回路（除相关规定不允许设置外）应设置动作电流为30mA的剩余电流保护器。

②应分区明确照度和灯具控制要求。公共区域内照度不宜低于100lx，且设置应急照明灯具，具备应急情况下公共区域照明系统的自动切换功能；隔离房间内照度不宜低于100lx，对于有书写、阅读需要的位置，可增设台灯等局部光源满足使用要求。现场可根据灯具形式、功率等参数指标进一步优化灯具安装位置，以满足照明要求。若需要消毒专用灯具，则应明确与普通灯具的控制关系，必要时形成互锁，避免同时开启或误操作。

③室外照明灯具宜采用独立太阳能供电的高效灯具，应充分考虑夜晚灯光对隔离房间内的光照影响，进而选定安装位置及朝向，同时须做好室外灯具的防雷接地措施，避免雷击造成灾害。

④一体式集成卫生间内供电应采用安全电压，涉及照明灯具应采用防雾式灯具，换气扇动力部分应采用防水型，开关宜采用一体式并标识明确。

（3）电气系统设施、材料等选择应满足现行国家相关标准要求

①供电线路宜选择桥架、线槽、线管等相结合的敷设方

式。线槽、线管等穿越各房间和隔离区时，其缝隙、预留孔洞等应采用不燃耐火材料封堵密实，必要时可采取铝箔胶布、密封胶等进行密封。

②若对既有供电线路进行改造时，线缆连接宜采用能够快速安装且能够保证安全使用功能的导线连接器。

③当照度、光源显色指数及统一眩光值不能满足要求时，应增设照明灯具、更换灯具光源，并应采取防眩光措施。灯具光源宜选择LED光源，相关色温宜为3300~4000K，显色指数Ra应大于80。

（4）灯具的选择、布置和控制方式应避免对隔离人员的休息和治疗产生影响。

①既有建筑如设置智能照明控制系统，应在隔离房间使用期间采用集中控制的方式，避免就地控制方式的使用。如未设置智能照明控制系统，应在护士站及医生值班室集中设置控制开关。公共区域照明控制方式应考虑正常使用和夜间医护工作的需要。

②隔离房间宜设置医用标识照明（图5-37），标识照明应清晰、方向性强，便于人员的引导和分流。

③房屋建筑专业协调样板间与土建专业配合提前做好样板策划，便于后续施工作业的大面积展开。

2）施工技术标准与技术要点

（1）电气工程所需的各种材料、管线、盘柜、开关、灯具及控制系统产品等应进场检验合格后方可使用。

图5-37 室内照明设置

（2）高压的电气设备、布线系统以及继电保护系统必须交接试验合格。

（3）室外安装的落地式配电（控制）柜、箱的基础应高于地坪，周围排水应通畅，其底座周围应采取封闭措施。

（4）照明设计宜采用LED光源，光源色温不宜大于4000K，一般显色指数Ra应大于80；应采取防止灯具对卧床患者产生眩光的措施。

（5）电加热器的外露可导电部分必须与PE线可靠连接。

（6）有抗静电要求的管道、金属壁板、防静电地板应接地，并保证电气连通性。当可能出现腐蚀时应采取防电化腐蚀的措施。

（7）电气管线应暗敷，设施内电气管线的管口应采取可靠的密封措施。

（8）IT接地系统中包括中性导体在内的任何带电部分严禁

直接接地。IT接地系统的电源对地应保持良好的绝缘状态。

3）主要材料参数

参见表5-17。

主要材料参数　　　　表5-17

序号	名称	型号	规格	材质
1	吸顶灯	（LED光源）	18W	塑壳
2	防水防尘灯	（LED光源）	14W	塑壳
3	消防应急标志灯具	24V自带蓄电池		钢制
4	紫外线灯	无臭氧型		
5	安全出口标志灯	24V自带蓄电池		钢制
5	疏散指示灯	1×3W		
6	暗装单极开关	250V 10A	250V 10A	
7	耐火线	ZRBV	$3×2.5mm^2$	
8	电线	WDZ-BYJ	$3×2.5mm^2$	铜芯线
9	铜芯线	WDZ-BYJ	$2.5mm^2$	铜芯线
10	铜芯线	WDZ-BYJ	$4mm^2$	铜芯线
11	铜芯线	WDZ-BYJ	$6mm^2$	铜芯线
12	内外镀锌JDG管	JDG	$\phi32$	内外镀锌JDG管
13	内外镀锌JDG管	JDG	$\phi25$	内外镀锌JDG管
14	内外镀锌JDG管	JDG	$\phi20$	内外镀锌JDG管

4）施工机械与仪器

（1）充电手枪钻（配钻头$\phi8\sim\phi16$）；

（2）充电角磨机（磨片、切割片）；

（3）工作灯（LED）、LED灯带；

（4）切割机（220V）；

（5）电动螺丝刀；

（6）冲击钻、电焊机（220V）；

（7）梯子、剥线钳、验电笔、螺丝刀、内六方、钢卷尺等。

5）施工用计量器具

（1）电压核相器、验电插座（带蜂鸣器）、万用表（数显式）；

（2）兆欧表、接地绝缘测试仪（指针式）；

（3）照度测试仪、紫外线测试仪、游标卡尺。

2 施工部署

1）进度安排

公共区域施工应在8h内完成单层布线和设备安装，每间隔离用房内施工时间不得超过2h，包含调试整体时间控制为48h。

2）工序安排

电气施工需要与主体配合进行，包含接地及室外桥架安装等。在吊装完成并稳固后进行室内施工。同时配合装饰完成末端开关插座施工。

3）穿插施工

（1）需要在房间吊装就位验收完成后进行线管敷设，同步可穿插进行管内穿线。

（2）墙板安装完毕后穿插进行末端点位定位、开孔。

（3）吊顶安装前穿插进行末端点位定位、开孔。

（4）箱房固定完毕后穿插进行供电干线和桥架安装，主电缆绝缘测试。

3 施工工艺

1) 室外桥架安装

厢房电源可由屋顶桥架直接向二层厢房供电，电缆管应采用软管敷设；当由屋顶桥架直接向首层箱房供电时，在桥架侧面安装一个金属接线盒，并从接线盒沿外墙敷设金属导管至箱房快速接头（图5-38～图5-40）。

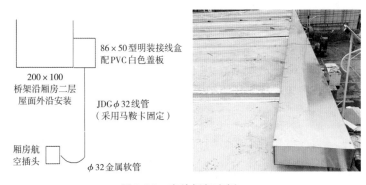

图5-38 室外桥架实例

图5-39 室外桥架安装

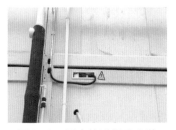

图5-40 厢房快速插头安装

2) 紫外线灯安装

设计需要消毒的场所应设置紫外线杀菌灯或空气灭菌器。紫外线杀菌灯应采用专用开关，避免与普通开关并列设置，且应有专用标识（图5-41）。

图5-41 紫外线灯安装实例

3）接地系统

（1）防雷设计应按照现行国家标准《建筑物防雷设计规范》GB 50057和《建筑物电子信息系统防雷技术规范》GB 50343的相关规定执行。

（2）建筑物内低压配电系统的接地形式宜采用TN-S系统，并采取等电位联结保护措施，室外电源接入室内时应重复接地。

（3）隔离房间应采用局部IT系统供电，并配置绝缘故障监测装置，满足相关绝缘监测要求。

（4）医疗电子设备的安装位置宜远离建筑物外墙和防雷引下线（图5-42）。

4）测试调试

线路敷设后应做标识，标识方法可根据现场资源条件确定。当成排房间较多、线路敷设密集或施工时间紧迫的情况下，宜采用线号管进行标识，避免校线影响工期。

图5-42　箱房接地跨接安装实例

为实现施工现场安全、高效生产，防止敷设线路对现场交叉作业人员造成伤害。线路敷设后，应优先采用万用表通断档进行线路通断测试，并排除明显线路破损；当万用表数量不足时，可采用带电池的门铃进行接线测试。线路通断测试后，应正确使用兆欧表进行线路绝缘测试，测试结果应能满足相关标准规范的要求。

4　质量控制

1）电缆规格、型号、长度等参数应按配电系统设计确定；

2）当电缆敷设需采用保护管时，应提前策划保护管的首选及备选材料；

3）检查配电箱规格及配置，并应符合要求；

4）箱房与箱房之间应采用专用接地线，并连接可靠；

5）屋顶室外防水桥架底面必须设有泄水孔，防止雨量过大造成电缆桥架内部积水。

5　成品保护

1）灯具属于易碎物品，在搬运家具和登高工具时防止碰撞，造成破损。

2）插座、开关安装完毕后应采用保护膜进行覆盖。

5.7　智能化工程

1　施工准备

1）深化设计

智能化工程系统包括：视频监控系统、综合布线系统、公共广播系统、紧急呼叫、无线AP系统。深化设计时应根据隔离房间功能区划分分别设置网络回路，按每栋楼单独设置弱电设备。规划线缆敷设路径及形式，充分考虑集中隔离医学观察点线缆防护、弱电系统在建设和使用过程中的运行维护，对直埋光缆应采取必要的保护和标识措施。总弱电机房应设置在公共区域，隔离房间的弱电机柜宜设置在公共区域，且不应阻碍通道。

2）施工标准及技术要点

（1）电气工程所需的各种材料、管线、盘柜、开关、灯具及控制系统产品等应进场检验合格后方可使用。

（2）高压的电气设备、布线系统以及继电保护系统必须交接试验合格。

（3）电信间、设备间、进线间应设置不少于2个单相交流220V/10A电源插座盒，每个电源插座的配电线路均装设保护器。设备供电电源应另行配置。电源插座宜嵌墙暗装，底部距地高度宜为300mm。

（4）电信间、设备间、进线间、弱电竖井应提供可靠的接地等电位联结端子板，接地电阻值及接地导线规格应符合设计要求。

3）主要施工材料及重要配件

参见表5-18。

主要施工材料及重要配件　　　　表5-18

视频监控系统			
序号	名称	规格	备注
1	解码器	DS-6916UD	
2	55寸拼接屏	55寸	
3	拼接屏落地支架		
4	存储硬盘录像机	DS-8864N-R16	
5	监控硬盘	ST6000HKVS001	
6	网络键盘	DS-1100K	
7	监控电源	12V	
8	400万球机	DS-2CD7423	
9	球机支架	DS-1602	
10	球机监控杆	4m高	
11	200万枪式摄像机	DS-IPC-B12HV2（POE版）	
12	枪机支架	DS-2205ZJ	
公共广播系统			
序号	名称	规格	备注
1	吸顶式音箱	CSL-618	
2	IP网络功放	KW-7060	
3	网络广播系统服务器	KW-7000T	

公共广播系统			
序号	名称	规格	备注
4	网络广播管理软件	KW-7000C	
5	网络音频采集器/四路	KW-7002	
6	7寸触摸屏话筒	KW-7010BT	
7	网络消防报警器	KW-7003C	
8	网络监听音箱	KW-7008	
无线AP系统			
序号	名称	规格	备注
1	POE无线AP	W83AP	
2	16口千兆交换机	G1118P-16-250W	
3	AC控制器	IP-C0M	
综合布线系统			
序号	名称	规格	备注
1	网络面板	6类	
2	网络模块	6类	
3	六类网线	cat6.utp	
4	光纤	4芯千兆单模	
5	1U理线器	24口	
6	网络配线架	48口	
7	24口千兆接入交换机	S300-24T4S	
8	48口千兆接入交换机	S300-48T4S	
9	光交换机	24光8电	
10	12U机柜	600×600×637	
11	光纤托盘	24口一体化	
12	48口光纤配线架	48口	
13	4口光纤终端盒	4口	

续表

紧急呼救系统			
序号	名称	规格	备注
1	呼救按钮	讯铃APE560	
2	呼叫主机	讯铃SC-R16	
3	信号放大器		

4）主要施工机械、设备

参见表5-19。

主要施工机械、设备　　　　表5-19

序号	规格型号	数量	单位	备注
1	交流弧焊机	2	台	
2	电锤	10	把	
3	电钻	80	台	
4	角磨机	20	台	
5	切割机	2	台	
6	熔纤机	2	台	
7	寻线仪	5	台	
8	压接钳	20	把	
9	穿线器	2	台	
10	斜口钳	50	把	
11	尖嘴钳	80	把	
12	钢丝钳	20	把	
13	虎口钳	40	把	
14	改刀（平/十字）	100	套	
15	砂轮切割机	2	台	
16	梯子	80	把	
17	网线钳	60	把	

5）施工用计量器具

参见表5-20。

施工用计量器具　　　　表5-20

序号	规格型号	数量	单位	备注
1	万用表	20	台	
2	红光笔	5	把	
3	交直流毫安表	10	台	
4	接地电阻测试仪	10	台	
5	电流电压表	10	台	
6	绝缘电阻测试仪	10	台	

2　施工部署

1）进度安排

每间隔离病房管线及设备安装施工时间控制在30min以内，一栋楼智能化工程施工完毕应控制在24h以内。

2）工序安排

室内施工、室外主干线缆施工同时进行。

3）穿插施工

管线敷设和机房定位安装同时进行，线缆打结、测试、安装设备同时进行。

3　施工工艺

1）视频监控系统

①摄像机宜安装在监视目标附近不易受外界损伤的地方，安装位置不应影响现场设备运行和人员正常活动（图5-43）。室内安装高度：宜距地面2.5～5m，室外安装高度：宜距地面

图5-43　摄像机安装

3.5～10m。

②室外环境下采用全天候防护罩，保证春夏秋冬、阴晴雨风各种天气下可以正常运行。

③摄像机镜头应避免强光直射，镜头视线内，不得有遮挡监视目标的物体。

④摄像机镜头应从光源方向对准监视目标，并应避免逆光安装；当需要逆光安装时，应降低监视区域的对比度。摄像机的安装应牢靠、紧固。

⑤在高压带电设备附近架设摄像机时，应根据带电设备的要求确定安全距离。

⑥从摄像机引出的电缆宜留有1m的余量，不得影响摄像机的正常转动。摄像机的电缆和电源线应固定，不得用插头承受电缆的自重。

⑦云台及云台解码器与摄像机的接线连接方式应严格按照云台解码器的产品说明书进行采用。

⑧摄像头调通后，应进行图像质量损伤主观评价，要求

图像上不应觉察有损伤和干扰存在。

⑨摄像头调通后，自动光圈调节功能、调焦功能、变倍功能等各控制功能应正常。

2）公共广播系统

（1）电缆敷设

必须按照施工图纸的要求与现场实际情况进行线缆敷设，穿PC20保护管。

（2）前端设备安装

①广播扬声器的高度及其水平指向和垂直指向应根据声场设计及现场情况确定。

②广播扬声器的声辐射应指向广播服务区。

③广播扬声器与广播传输线路之间的接头必须接触良好，线色一定要正负分清，禁止截断传输线路，应该挫开剥皮最后用热缩管处理后再用防水胶布裹好。

④广播扬声器的安装固定必须安全可靠。

⑤安装广播扬声器的路杆、桁架、墙体、棚顶和紧固件必须具有足够的承载能力。

（3）后端设备的安装

后端设备的安装应该在前端设备没有安装之前安装好，以便前端设备安装好后进行广播扬声器的检测和试听。

①后端机柜应合理摆放，使整个控制室美观以及便于值班人员操作。

②设备应按重量从下往上摆放，设备与设备之间的间隙一

定要均匀。设备与设备之间的连接线需整齐有序地绑扎在机柜的走线架上。

（4）系统调试要求

①线路检查：对所有线路的接线进行检查，确保无短接、断路、错接。

②电源检查：设备输入电压应与其他使用电压相匹配。确定设备均属于关机状态情况下供电前，应确保所有设备均处于关机状态。

3）无线AP系统

（1）安装AP之前，应准确记录AP的mac地址或其他有效编号。

（2）安装场所应干燥、防尘、通风良好，严禁将设备安装在水房等潮湿、易滴漏地点，安装位置附近不得放置易燃品。

（3）AP的安装位置便于网线、电源线、馈线的布线与维护和更换；AP的安装位置距离地面的高度不应小于1.5m。

（4）AP设备安装在弱电井内、墙面时，为防止AP被盗，建议将AP安装在2m以上的位置，并对固定架加锁或采用专用防盗机箱安装，保持工作环境清洁和良好通风。

（5）在安装AP设备时，应考虑以太网交换机跟AP之间的距离限制；如果AP安装位置的四周有微波炉、无绳电话等干扰源时，AP距离此类干扰源不宜小于3m；使用自带天线的AP时，需要注意天线位置和天线方向性等，AP周围2m内不得有大的金属体阻挡。

（6）当吊顶为石膏板或木质时，可将AP安装在吊顶内，并应采取相应的固定措施，在附近须留有检修口。

（7）室内Wlan AP设备宜接地，接地点应与连接的交换机连接至同一接地体；当分别连接两个不同接地体时，两个不同的接地电位差不应大于$1V_{rms}$。

4）综合布线系统

（1）工艺流程，参见图5-44。

图5-44　综合布线系统工艺流程

（2）操作方法

①线缆敷设

A.线缆的布放应自然平直，线缆间不得缠绕、交叉等。线缆不应受到外力的挤压，且与线缆接触的表面应平整、光滑，以免造成线缆的变形与损伤。线缆在布放前两端应贴有标签，以表明起始和终端位置，标签书写应清晰。

B.对绞电缆、光缆及建筑物内其他弱电系统的线缆应分隔布放，且中间无接头。

C.线缆端接后应有余量。在交接间、设备间对绞电缆预留长度，一般为0.5～1m；工作区为10～30mm；光缆在设备端预留长度一般为3～5m，有特殊要求的应按设计要求预留长度。

D.对绞电缆的弯曲半径应大于电缆外径的8倍。主干对绞电缆的弯曲半径应至少为电缆外径的10倍。光缆的弯曲半径应大于光缆外径的20倍。采用牵引方式敷设大对数电缆和光缆时，应制作专用线缆牵引端头。布放光缆时，光缆盘转动应与光缆布放同步，光缆牵引的速度一般为10m/min。布放线缆的牵引力，应小于线缆允许张力的80%，对光缆瞬间最大牵引力不应超过光缆允许的张力，主要牵引力应加在光缆的加强芯上。

②地面线槽和暗管敷设线缆

敷设管道的两端应有标志，并做好带线。敷设暗管宜采用钢管或阻燃硬质塑料管，暗管敷设对绞电缆时，管道的截面利用率应为25%～30%。地面线槽应采用金属线槽，线槽的截面利用率不应超过40%。采用钢管敷设的管路，应避免出现超过两个90°的弯曲。在遇到特殊情况无法避免时应增加过线盒，且弯曲半径大于管径的6倍。

在竖井内采用明配管、桥架、金属线槽等方式敷设线缆，应符合以上有关规定外。竖井内楼板孔洞周边应设置50mm的防水台，洞口用防火材料封堵严实。

③设备安装

A.机柜安装

a.按机房平面布置图进行机柜定位，制作基础槽钢并将机柜稳装在槽钢基础上。机柜安装完毕后，垂直度偏差不应大于2mm，水平偏差不应大于2mm；成排柜顶部平直度偏差不应大于4mm。

b.机柜上的各种零部件不得脱落或损坏。漆面如有脱落应予以补漆，各种标志完整清晰。机柜前面应留有1.5m操作空间，机柜背面离墙距离应不小于11m，以便于操作和检修。壁挂式箱体底边距地应符合设计要求，若设计无要求，安装高度宜为1.4m。在机柜内安装设备时，各设备之间要留有足够的间隙，以确保空气流通，便于设备散热。

B.配线架安装

当配线架安装采用下出线方式时，配线架底部位置应与电缆进线孔相对应。各直列配线架垂直度偏差应不大于2mm。接线端子各种标志应齐全。

C.各类配线部件安装

各部件应完整无损，安装位置正确，标志齐全。固定螺钉应紧固，面板应保持在一个水平面上。

D.线缆端接

a.线缆在端接前，必须检查标签编号，并按顺序端接。线缆终端处必须卡接牢固、接触良好。线缆终端安装应符合设计和产品厂家安装手册要求。

b.使用专用剥线器剥除电缆护套，不得刮伤绝缘层，且每对对绞线应尽量保持扭绞状态。非扭绞长度对于六类线应不大于13mm；四类线应不大于25mm。对绞线间应避免缠绕和交叉。对绞线与8位模块式通用插座（RJ45）相连时，必须按色标和线对顺序进行卡接，然后采用专用压线工具进行端接。插座类型、色标和编号应符合图5-45的规定。

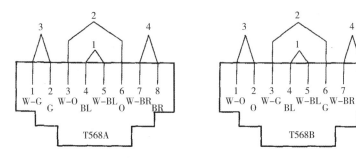

图5-45 模块式通用插座连接图

c.对绞电缆与RJ45/8位模块式通用插座的卡接端子连接时，应按先近后远、先下后上的顺序进行卡接。对绞电缆的屏蔽层与插接件终端处屏蔽罩必须可靠接触，线缆屏蔽层应与插接件屏蔽罩360°圆周接触，接触长度不宜小于10mm。

d.光纤熔接处应加以保护，使用连接器以便于光纤的跳接。

e.光纤跳线的活动连接器在插入适配器之前应进行清洁，所插位置符合设计要求。

f.各类跳线和插件间接触良好，接线无误，标志齐全。跳线选用类型应符合设计要求。各类跳线长度应依据现场情况确定，一般对绞电缆不应超过5m，光缆不应超过10m。

5）紧急呼救系统

①每间隔离间设置独立的无线紧急呼救按钮，呼救主机放在值班室，当呼救按钮被按下时值班室发出相应房间号的呼叫报警声音，值班室人员可根据房间号迅速处置相关情况（图5-46）。

图5-46 紧急呼叫按钮

②呼救按钮在安装前应根据房间号进行相应的编码工作，以确保按钮报警时与房间号一一对应。呼救按钮根据床头柜位置居中设置，据地高度70cm。

③当无线传输距离较远时，可在公共走道增设信号放大器加强信号传输，确保呼救按钮信号到达报警主机。

4 质量控制

1）广播扬声器安装完毕后，应对扬声器表面进行清洁。室外广播扬声器应注意雨、雪防护。广播扬声器安装完毕后，应按广播分区对室外扬声器逐个进行检测和试听。

2）安装AP之前，准确记录AP的mac地址或其他有效编号。安装场所应干燥、防尘、通风良好。

3）线路敷设后应做标识，标识方法可根据现场资源条件确定，特别是当成排房间较多、线路敷设密集或时间紧迫时，宜采用打印线号、号码管的方法，避免校线影响工期。

5 成品保护

1）机柜门为玻璃门，张贴易碎标识，防止碰撞、破坏；

2）当穿线完成后，应做好标识，整理好线缆放入箱内并及时关闭各弱电箱门，防止线缆破坏。

5.8 房间布置

5.8.1 施工准备

1 房间布置策划

1）房间布置应按照简洁、美观为原则，满足起居的功能要求。

2）床、柜子、书桌等家具宜采用工具化组装式，尽量避免螺栓连接、铆钉等形式的连接，不宜选用木质或者密度板类的材质进行组装。

3）床宜选用铁质或者合金架体（4个支腿的形式），方便现场拼装；床板为木质板。架体拼装完成后，应将木板嵌入式安装。

4）衣柜宜选用铁质文件柜，减少玻璃使用，成品柜应能够实现快速安装，不宜选用木质拼装衣柜。

5）写字台、电视柜建议均选用有四个独立腿的简易桌子，现场可快速拼装，椅子可选用不锈钢合金椅，成品安装效率高。

6）洗手面盆宜选用柱式，不宜选用悬挂式。

7）热水器宜选用落地式、即热型。落地式即热型热水器安装时，应采取牢靠的防倾覆措施，确保使用阶段的安全。若无法选购即热型热水器时,可选用壁挂式的插电热水器。

房间主要设施参照表5-21。

房间主要设施表 表5-21

序号	设施名称	规格尺寸	备注
1	床	1200mm×2000mm	
2	床头柜	400mm×400mm×600mm	
3	电视柜	32寸	
4	衣柜	800mm×1980mm×400mm	
5	写字台	1200mm×600mm×750mm	
6	椅子	常规,带靠背	
7	热水器	800mm×385mm×386mm	≤2kW
8	空调	1.5匹	
9	集成卫浴	≥1100mm×1400mm	

2 图纸深化

1)房间设施布置

室内布置应满足起居的功能要求,按照简洁、美观为原则,具体可参照图5-47、图5-48布置。

2)电气插座布置

室内插座布置应满足电气使用,且便于人员使用的要求,具体可参照图5-49和表5-22进行布置。

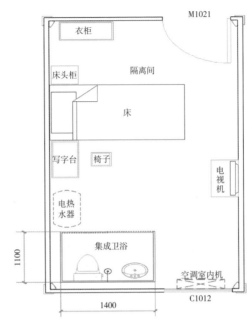

图5-47　隔离间平面布置示意图

图5-48　现场实景照片

图5-49 电气插座布置示意图

电器插座规格型号及安装要求说明表　　表5-22

	名称	型号	安装方式
	二三孔单相插座	86型，250V，10A	底边距地0.3m，床头距地0.7m
H	卫生间插座	86型，250V，10A，带防水盒安全型	壁装，底边距地1.5m
D	热水器插座	86型，250V，16A，带防水盒安全型	壁装，底边距地2.2m
K	空调插座	86型，250V，16A	壁装，底边距地2.2m
	紧急呼叫器	无线紧急呼叫器	壁装，底边距床0.4m

3 资源准备

1）物资采购

物资采购应坚持因地制宜、就地取材原则，确保物资快速供给。各房间布草所需设施如表5-23所示。

房间布草配置表 表5-23

序号	类别	项目	数量
1	床	褥子（床垫）	1
2		床单	1
3		被子（含被套）	1
4		枕头（含枕套）	1
5	洗漱	脸盆	1
6		洗发露	1
7		沐浴露	1
8		肥皂	1
9		洗漱包	1
10		拖鞋	1
11		衣架	5
12		抹布	1
13		卷纸	5
14	书桌	烧水壶	1
15		电视遥控器（含电池）	1
16		空调遥控器（含电池）	1
17		绿萝	1
18		纸杯	5
19		WIFI名称、楼栋群二维码	1
20	防疫	N95口罩（只）	5
21		手消酒精（瓶）	1
22		84消毒液（瓶）	1
23		垃圾袋（只）	30

序号	类别	项目	数量
24		黑色垃圾桶（翻盖）	1
25		塑料垃圾桶	1
26	其他	防滑垫	1
27		饮用水（件）	2
28		扫帚簸箕（套）	1

2）劳动力组织

（1）空调、热水器、集成卫浴的安装应以空调厂家人员为主，适当配备搬运工和配合作业人员。

（2）房间内家具设施的安装，应按照家具类别分组安装和搬运，组装人员、搬运人员宜超额配备。

5.8.2　施工部署

1　进度安排

1）房间布置策划确定后，应立即采购家具家电，采购数量应适当考虑备用量。

2）房间内的家具、家电应在房屋主骨架成型后组织进场，宜在具备安装条件前全数进场完成。

3）需人工组装的家具，则提前安排人员进行家具组装，后期整体搬运至使用部位。

2　房间布置顺序安排

房间内设施及家具布置顺序：插座→集成卫浴→空调和热水器→衣柜→床→床头柜和桌子→房间草布。

3 穿插施工

1）房间具备布置条件后，应及时穿插组织进行家具、家电的布置。

2）每个房间的空调、热水器安装应穿插交替进行，提高施工效率，缩短安装周期。例如，空调安装自右向左依次进行，热水器安装同步自左向右依次进行。

3）家具的组装、摆设应提前准备，具备入户条件后，按照房间内设施及家具布置顺序，其余设施及家具结合空调和热水器的进度依次穿插搬运，缩短间隔时间。

5.8.3 施工方法

1 集成卫浴、床宜在房间内进行人工组装。

2 衣柜、桌椅等小型家具宜在室外组装完成，人工搬运至房间内，并摆放整齐。

3 草布设施宜在房间卫生打扫完成后，统一进行摆放和布置，全部人工搬运。

5.8.4 质量控制

1 集成卫浴安装

1）集成卫浴安装前应完成室内电源插座的安装。面盆、洁具、马桶等内部设施应最后安装，且应避开与其他工序交叉作业，以免影响安装进度及质量。

2）集成卫浴的底座应采取相应的支撑措施，马桶下部应适当增加支撑，确保马桶部位底座稳固，马桶与面盆底部的密封效果应能长期有效、使用稳定。

2 热水器安装

1）壁挂的热水器在侧墙上固定时，必须选择可靠的固定悬挂架。

2）采用壁挂热水器时，热水器悬挂架应采用40×4的镀锌扁铁弯制而成，且必须与屋顶主梁连接牢固。

3）热水器泄水软管必须引入集成卫浴内，在集成卫浴侧板开孔引入，且孔径不应小于20mm。

3 卫生间安装

1）有安装管道的整体卫生间一侧与墙面之间的距离不应小于150mm；无安装管道的整体卫生间一侧与墙面之间的距离不应小于120mm。

2）集成卫浴不得与配电箱同侧放置。

3）隔离房间门与集成卫浴应呈对角线布置。

5.8.5 成品保护

1 马桶、面盆底部应在干燥、无水情况下打设密封防水胶，密封防水胶体未固结之前，不得使用马桶、面盆。

2 家具、家电搬运时，应做好保护措施，宜采用软质防护，避免搬运过程出现磕碰、损坏。

3 房间布草完成，核查无误后，应及时将隔离房间门上锁，避免在未使用情况下的物品丢失或损坏。

4 后续工序作业前，应注意对上一道工序做好保护工作，避免破坏或返工。

5.9　室外管网

5.9.1　施工准备

1　施工策划

应急集中隔离点室外管网一般包含雨污水、给水、消防、供电等管网工程（图5-50）。

图5-50　雨污水成品管井配件

1）施工前进行总体策划，先进行雨污水管网施工，然后组织给水、消防及供电管网施工。管网布置应结合室外道路进行布设。

2）根据总体设计要求，雨污水排放应分片区组织施工。对独立排放的区域可单独组织施工，对有排放流向的区域应明确交接点井位及井底标高要求。每个区在沟槽开挖时应安排专人测放标高，控制开挖深度及排放方向。

2 图纸深化

1）管道施工时应提前明确雨污水、给水接入点，并对接入点进行复核。给水点不宜少于两处，施工时给水管道宜形成环路闭合。

2）对有排放流向的区域应明确交接点井位及井底标高。

3）雨污水管井材料应尽量选用成品管井配件组装。

4）在计算管道标高时，应考虑化粪池和消毒池的高程差；污水管道坡度宜＞3‰。

3 资源准备

1）组织架构

（1）组织原则：依据设计排放区域进行分工，分工明确，全员参与，责任到人。

（2）施工人员分配原则：施工人员工作分配应优先将长期合作或相互熟悉的人员、施工队伍划分到一个排放区域。每个施工片区采用两班倒或三班倒进行施工，过程中做好工作交接。

（3）管理人员分配原则：建议每排放区域每工作班至少配备2名现场负责人。

（4）信息沟通：可采用微信群、QQ群等互联网社交平台进行信息的沟通与传递。

（5）劳动力组织

劳动力计划应根据工程量及工期要求，较正常施工人员数量多出1.5～2倍，优先考虑施工场区周边居民、工人和本市区内的专业施工队伍。

2）物资准备

（1）物资采购应坚持因地制宜、就地取材原则，确保物资快速供给。

（2）雨污水管均采用HDPE双壁波纹承插管，接口采用双橡胶圈。

（3）化粪池宜采用成品玻璃钢化粪池。

（4）物资分类就近堆放，保证场内作业面同时施工。

3）机械准备

按照室外管网施工类型配备相应施工机械，如挖掘机、装载机、叉车、吊车、三轮车、水车、发电机、太阳能路灯等。

5.9.2 施工部署

1 进度安排

室外管网施工工期宜为4d内，原则上不能晚于箱房安装工序。

2 工序安排

1）如化粪池两端设置消毒池，施工时宜先施工化粪池，后施工消毒池。化粪池选用玻璃钢化粪池（图5-51）。

2）应急工程施工时，因工期较紧，需与道路同时施工。雨污水管道应在道路施工前施工，主管道尽量设在道路一侧，避免设在道路下，影响道路的施工。

3）给水及供电线路施工时过路管线的铺设应提前规划预埋，减少与道路工程的交叉影响。

图5-51 玻璃钢化粪池

3 穿插施工

1）地基与基础施工时，可提前进行雨污水管道及化粪池等穿插施工。

2）箱房组装及其他设备组装时，可穿插进行雨污水井及收水口施工。

5.9.3 施工工艺

1 沟槽开挖

沟槽开挖应根据管径控制开挖下口宽度，根据开挖深度采取放坡或架设内撑等支护措施，以确保开挖安全（图5-52）。开挖出的土方应堆放在沟槽边1.5m以外。

2 管道铺设

管道接口根据管材的要求，保证密封性能达到零渗漏的要求（图5-53、图5-54）。管道中心控制采用边线和中线双线控

图5-52　沟槽开挖

图5-53　HDPE双壁波纹管承插管橡胶圈接口

图5-54　HDPE双壁波纹管承插管

制，以保证高程及平面位置符合要求。稳管顺序从下游排向上游，稳管时保证管中心位置允许偏差20mm。管道接口连接时严格按该管材的操作技术规程进行，确保管道接口的质量，达到零渗漏的要求。

3 管沟回填

材料要求：采用中、粗砂回填至管顶，砂层以上至地面或人行道结构层以下采用原土夯填，管顶以上50cm范围内，回填土不得含有有机物、冻土以及大于50mm的砖、石等硬块。

4 污水井及雨水检查井

1）检查井的位置应按设计施作。不同管径、不同高程管道需要连接时，可采用检查井形式连接。

2）井室周围的回填宽度不宜小于40cm，机动车道下的各类井室周围应采用石灰土、砂、砂砾等材料回填，回填密实度应满足道路工程设计要求；人行道或绿化带下的各类井室周围采用原土夯填，井室周围的回填应与管沟回填同时进行。

3）井盖：采用ϕ700重型防盗球墨铸铁井盖。分别注明"雨""污"字样井座具体做法详见06MS201-6-P5（图5-55）。

5 化粪池及消毒池

1）根据应急工程特点，宜采用成品玻璃钢化粪池及消毒池。

2）化粪池应根据设计要求设置，施工时需满足厂家产品安装要求（图5-56）。例如：75m³化粪池施工要求，基坑开挖长10m，宽3.6m，进出口300mm波纹管，进水口顶端距离化

雨水井盖   污水井盖   收水口井盖

图5-55 雨污水井盖安装

接污水   排气孔 检查井   排气孔   检查井 排气孔
                                          接市政污水管网

消毒池   化粪池   消毒池

图5-56 化粪池及消毒池示意图

粪池顶部10cm，出水口为20cm，挖坑深度根据排水管的标高来定（图5-57）。

5.9.4 质量控制

1 检查井

1）井盖修筑高程应高出绿化带10cm。路面上的井盖应与路面平齐或略低于路面。

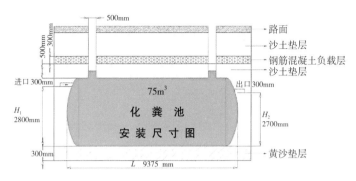

图 5-57 化粪池示意图

2）井室回填密实度应≥90%。回填压实时应沿井室中心对称进行，且不得漏夯，回填材料压实后应与井壁紧贴。

2 管沟回填

回填密实度要求：胸腔部分密实度应≥95%，管顶以上50cm范围内的密实度要求≥87%，其他部分密实度应≥90%。沟槽各部分回填密实度详见图5-58。

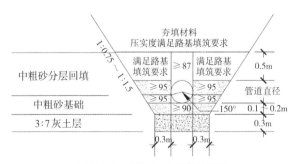

图 5-58 管沟分层回填示意图

3 管道试水

1）雨污水管道施工完成后，对临时应急工程需进行试通水，以检验雨污水管道排水情况。

2）给水管道施工完毕后，应进行试供水，并检查所有阀门及消火栓是否有渗漏现象。

5.9.5　成品保护

1　对埋深较浅的管线严禁重型车辆通行碾压。施工过程中确需重型车辆通行时应铺设钢板覆土保护。

2　对电缆管道沿线路设置警示标志，以防损坏；对化粪池等上部严禁受压区域设置警示标志，严禁车辆碾压破坏。

3　对外露部分管道采用保温棉包裹覆盖。

5.10　室外道路

1　施工策划

1）室外道路修筑前应先完成整个施工区域的清表及大致的场地初平工作；施工前应会同监理单位进行原地面测量，并签字留存，作为结算依据。

2）做好路面的纵横坡高程控制，防止路面积水；

3）做好施工过程的质量记录等资料，并及时完善项目的各项报检手续。

2　图纸深化

1）道路选型

室外道路分为主干道和次干道，主干道应设计为双车道，宽度不小于7m（0.25+3.25×2+0.25），次要道路为单车道，宽度不小于4m(0.25+3.5+0.25),消防通道宽度不得小于4m。路面结构层形式一般如图5-59所示。

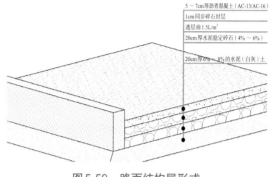

5~7cm厚沥青混凝土(AC-13/AC-16)

1cm同步碎石封层

透层油1.5L/m²

20cm厚水泥稳定碎石(4%~6%)

20cm厚6%~8%的水泥(白灰)土

图5-59 路面结构层形式

2)交通照明建议选用太阳能路灯进行,施工快捷简便,干扰少。

3)图纸会审时需注意室外管网等其他室外内容,尽量避免出现道路与管网的交叉、雨污水井出现在道路上等情况。

4)生活广场宜与道路紧密连接,可采用路面做法,方便施工。

3 资源准备

1)组织架构

①组织原则:依据设计道路及现场情况进行施工区域划分,分工明确,全员参与,责任到人。

②施工人员分配原则:施工人员工作分配应优先将长期合作或相互熟悉的人员、施工队伍划分到一个施工区域。每个施工片区采用两班倒或三班倒进行施工,过程中做好工作

交接。

③管理人员分配原则：建议每施工区域每工作班至少配备2名现场负责人。

④信息沟通：可采用微信群、QQ群等互联网社交平台进行信息的沟通与传递。

⑤劳动力组织

劳动力计划应根据工程量及工期要求，较正常施工人员数量多出1.5～2倍，优先考虑施工场区周边居民、工人和本市区内的专业施工队伍。

2）物资准备

①物资采购应坚持因地制宜、就地取材原则，确保物资快速供给。

②道路照明宜采用成品太阳能路灯。

③路缘石采用成品混凝土路缘石。

④物资分类就近堆放，保证场内作业面同时施工。

3）机械准备

按照室外道路施工类型配备相应施工机械，如挖掘机、装载机、压路机、叉车、吊车、三轮车、水车、发电机、太阳能路灯等。

5.10.2 施工部署

1 进度安排

室外道路路基及（底）基层的施工工期宜为4d内，面层施工原则上不能晚于室内装修工序。

2 工序安排

1）应急工程室外道路一般按路基、（底）基层、透层、封层、面层施工工序安排。

2）场内交通不便时，需提前考虑设置环形道路确保现场车辆通行，合理安排现场主通道，做到永临结合，采用分段流水施工。

3 穿插施工

1）针对应急工程特点，室外道路施工需考虑永临结合，主要施工便道、临时出入口应与设计主干道及集中隔离医学观察点进出口保持一致。

2）室外道路可根据现场施工区域进行分段分工区施工。优先施工主干道及环形道路，路缘石、照明设施、交通设施等可进行穿插施工。

3）根据应急工程特点，道路工程施工时应考虑室外管网、箱房吊装等施工内容。结合不同施工内容提前完成施工便道硬化，与其他分部分项工程穿插施工，分段完成各区域道路。

4）道路工程施工时应在临时便道进出口施工主干道，环行道路交叉口等部位设置交通疏导员及行进方向标识牌等，防止出现内部拥堵。

5.10.3 施工工艺

1 控制测量

道路实施前应及时获取设计控制点，先按规范对设计提供的控制点进行必要的复核确保其数据准确，精度满足施工要求。

同时根据已知控制点进行加密布设，将控制点引入施工区域内不易碾压毁坏的地方，以便就近控制，方便使用。

采用GPS、全站仪、水准仪进行道路平面及高程控制测量，进场前应做好测控仪器准备，保证仪器在有效检核期内（图5-60）。

2 道路放样

道路施工前，应根据设计图纸中的道路线位坐标进行道路放样，洒出道路开挖或回填边界线。放样完成后需对临近箱房基础等进行坐标及标高复核（图5-61）。

图5-60 全站仪

图5-61 白灰洒线

3 路基

1）采用挖掘机配合自卸汽车进行路基土方开挖；应急工程土方一般不外运，多余土方就近外弃至绿化带中进行平整（图5-62）。

2）路基处理一般采用水泥土或灰土进行。具体根据当时

图5-62　场地平整

当地的材料采购难易程度进行选择。应急工程因工期紧，同时受制于现场条件，路基处理一般采用路拌法进行（图5-63）。

图5-63　路拌机施工

3）对于一般含水量不大的土方路基，路床宜采用20cm厚6%～8%的水泥（白灰）进行处理。路基土方开挖时，路基顶标高控制在-10～0mm，按照灰剂量计算水泥（白灰）用量，路基整平后用平地机或人工将水泥（白灰）摊铺均匀，然后采用路拌机进行拌合后整平碾压。

4）对于含水量大的湿软路基，路基换填一般采用40cm厚8%～10%的水泥（白灰）进行处理，分两层进行换填，施工工艺同上。

5）对于采用水泥（白灰）难以实施的路基处理部位，可经建设、设计、监理单位现场勘察后，直接选用水泥稳定碎石或二灰碎石予以换填处理，处理厚度一般为40cm，分两层进行换填。

4 （底）基层

1）材料一般为水泥稳定碎石或二灰碎石，水泥稳定碎石灰剂量取4%～6%，二灰碎石灰剂量取6%～8%。鉴于应急工程时间紧的特点，宜采用厂拌法生产，直接由就近的商品料拌合站供应。

2）混合料由自卸汽车运输到施工现场后，采用摊铺机或平地机进行摊铺整平，振动压路机碾压密实（图5-64、图5-65）。

图5-64　摊铺机施工

图5-65 平地机施工

5 透层、封层及面层

1）透层。沥青摊铺前应在基层上撒布透层油，透层油为乳化沥青，用量按1.5L/m²试洒，通过试洒确定。

2）封层。喷洒透层油后铺筑乳化沥青下封层，集料采用米豆石，施工则采用沥青同步洒布车进行，压路机碾压成型（图5-66）。

图5-66 沥青同步洒布车

3）面层。根据应急工程特点，沥青面层一般采用厚度为5～7cm的AC-13或AC-16沥青混凝土。采用摊铺机施工一次铺筑，并利用钢轮、胶轮压路机碾压成型（图5-67、图5-68）。

图 5-67　摊铺机施工

图 5-68　胶轮压路机施工

6　路缘石

道路两侧的路缘石选用T2型混凝土路缘石,采用M2.5砂浆座底,M10砂浆勾缝。路缘石安装一般应高出路面15~18cm,施工完毕后应及时浇筑后靠背混凝土(图5-69)。

图 5-69　混凝土路缘石

7 停车场

按车辆类型分为小车停车场和大巴停车场,小车停车位尺寸为6m×2.6m,大巴停车位为12m×5m。根据应急工程特点,停车场做法可同路面,随路面施工时一并进行。根据应急程度也可在基层处理完毕后铺筑植草砖作为停车场(图5-70)。

图5-70 植草砖停车场

8 生活广场

生活广场同路面紧密连接时,宜采用同路面相同做法;若连接不紧密,根据应急程度可采用市政道路人行道做法,即在灰土垫层、水泥稳定基层处理后,铺筑水泥砖进行硬化处理。或直接采用混凝土硬化处理(图5-71)。

9 道路照明

针对应急工程特点,建议选用太阳能路灯,施工快捷简便,干扰少(图5-72)。

图5-71　水泥砖生活广场

图5-72　太阳能路灯

10　交通设施

1）道路施工完成后，应完善道路标志标线及警示标识，包括道路中边线、限速标志、禁鸣、指路牌等，标线采用热熔性反光漆（图5-73～图5-75）。

图5-73　道路标线　　图5-74　限速标识牌　图5-75　禁鸣标识牌

2）隔离应急工程一般设计有患者和医护人员两条独立通道，标志标线实施过程中需注意。

5.10.4 质量控制

1 材料

1）对于水泥土、灰土、二灰碎石、水泥稳定碎石、沥青混凝土等材料要选择信得过的材料供应商，施工过程中具备条件时，要及时抽检灰（水泥）剂量、油石比、压实度等是否满足设计及规范要求，沥青混凝土施工时，现场测量油温及沥青摊铺厚度，并满足规范要求。

2）对于外购的所有材料，应要求供货商具备相应的资质，同时附有随货的质量证明文件。

2 透层

沥青摊铺前应在基层上撒布透层油，透层油为乳化沥青，用量可按1.5L/m²试洒，通过试洒确定，透入深度不小于5mm。

3 （底）基层

为保证基层边沿碾压到位，同时确保路缘石能砌筑在基层面上，要求（底）基层摊铺宽度每侧超出设计30～50cm。

4 路基

压路机采用振动压路机。压路机吨位不小于15t，碾压遍数控制在6～8遍，压实度应满足规范要求。

5.10.5 成品保护

1 为减少管网施工时过路管对路面的破坏，雨水管道应设计在背离箱房的绿化带里面，路面施工时应朝向绿化带方向做成单向路拱，减少相互干扰。

2 （底）基层施工完毕后应采取透水土工布或塑料布进行覆盖并适量洒水养生保护，同时应安排专人看护，避免大车在上面硬性掉头、转弯、急刹车等。沥青路面在温度低于50℃时，可采用土工布或彩条布覆盖后允许车辆通行（图5-76）。

图5-76 彩条布覆盖

3 因路缘石靠背混凝土强度增长慢，要求压路机碾压工作时不得碰撞路缘石，严禁其他施工车辆骑行通过路缘石。

5.11 园林绿化

5.11.1 施工准备

1 项目前期策划

应急工程绿化旨在满足基本的景观绿化需求，使新建工程与周边的环境相协调。针对应急工程的特点，建议栽植适量乔木，工作区、厢房之间、出入口周围等重点区域宜采用较大容器苗木或花卉进行布置，因隔离区投入使用后不能满足植物的日常养护，宜多采用仿真植物和人造草坪进行施工。

2　图纸深化设计

1）根据设计图纸结合隔离区居住人员园林绿化观赏需要，调整观赏乔木栽植位置或盆栽花卉摆放位置。在工作区域门口、隔离用房和室外休息平台适量栽植观赏乔木，营造良好的园林绿化景观，充分发挥园林景观陶冶心情的效果。

2）考虑应急工程绿化架设的快速性，对苗木种类和规格进行调整，除主要观赏树木外，基调树种选用乡土树种——女贞；为加快建设速度，苗木规格选用中小型乔木，避免使用大机械，施工更为便捷。

3　资源准备

1）管理团队组建

根据应急要求，抽调优秀核心管理人员和技术骨干快速组建一支技术与业务齐备、能够全面统筹且执行能力强的管理团队和专业素质过硬的劳务班组，确保应急任务能够快速完成（图5-77）。

2）劳动力资源准备

资源根据业主及设计图纸要求，将项目逐层分解，确定工种和用工数量，对施工队伍的业务水平提出要求。迅速成立应急突击队，劳动力计算要较常规项目有所增加，同时就近调集劳务人员形成后备队（图5-78）。

3）物资准备

对潜在可能发生的紧急情况进行分析，形成应对方案以

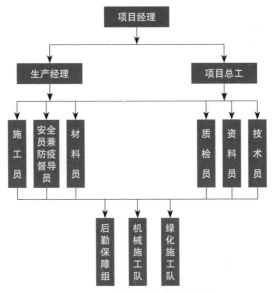

图5-77　项目人员组织架构图

图5-78　现场人员施工图

便快速作出部署，苗木物资供应应急小组成员必须尽职尽责，早计划、早安排、早落实，确保生产正常有序进行；做好苗木物资材料资源的储备，及时更新资源信息；根据实际情况决定是否实施备用方案；因材料进场存在不可控等特殊情况，项目部应合理调整、安排生产任务；启动备用方案时，采购部应与其他部门协助完成相关工作。

4）机械准备

根据图纸任务的实际情况，绿化项目一般使用的机械类型如表5-24所示。

绿化项目一般使用的机械类型　　　　表5-24

序号	设备名称	型号规格	备注
1	挖掘机（皮轮式）	65型	
2	挖掘机（链轨式）	65型	
3	挖掘机（链轨式）	220型	
4	吊车	20t	
5	吊车	16t	
6	装载机	30型	
7	工程三轮自卸车		
8	割草机	BC340	
9	洒水车	WHG51010SSB	
10	绿篱机	SL750	
11	油锯	MS381	
12	电动打药机	3WX-100H	
13	车载式自备吊	12t	
14	手推车	两轮	

5.11.2 施工部署

1 进度安排

如表5-25所示。

施工进度计划表　　　　表5-25

施工内容	5h	10h	15h	20h	25h
树穴开挖	▬▬				
苗木栽植	▬▬▬				
地被栽植		▬▬▬			
草坪铺设			▬▬		
盆栽花卉摆放				▬▬	
人工草皮铺设				▬▬	
苗木养护	▬▬▬▬▬▬▬▬▬▬▬▬▬▬▬▬▬▬				

2 工序安排

施工中合理安排工序，上下道工序合理衔接，严格执行自检、互检、专检制度，保证分部分项工程的施工质量。

3 穿插施工

1）本项目内多专业交叉施工问题的处置。遵循"先地下后地上，先结构后面饰，先土建后绿化，先主体后附属"的程序，制定切实可行的施工流程，科学合理地安排施工时间、划分施工区段，按部就班地组织施工；形成各专业施工队、各分部分项工程在时间上、工序上、空间上的充分利用与合理搭接。

2）与其他施工队伍交叉施工问题的处置。通过业主的协调，与其他项目单位进行沟通，取得对方的合同工期、进场时间、关键部位的工期节点等重要数据，与本项目部施工计划进行比对，然后合理安排。

5.11.3　施工工艺

1　苗木准备

1）选购原则

以就近调配规格适合、易成活、抗性强、成活率高、成景效果快的苗木资源为原则。可移动式的容器苗作为点缀树种，部分区域摆放时令花卉，地被植物建议使用仿真草皮。

2）起苗、包装

所有苗木起挖与栽植应保持同步协调，避免起挖和种植滞缓，影响苗木成活率。苗木起挖前，应做好护干和束冠等保护工作，苗木土球采用无纺布或专用材料进行包扎（图5-79）。

3）带土球苗装车方法与要求

高度在2m以下的苗木，可以直立装车，2m高以上的苗木应斜放或完全放倒，放置时应土球朝前，树梢向后，并设立支架将树冠支稳，以免行车时树冠摇晃，造成散坨；土球上不准站人或压放重物，以防压伤土球。

2　苗木的运输

1）苗木运输时，宜采用厢式货车或覆盖篷布的卡车，避免运输过程中脱水和冻伤（图5-80）。

2）苗木运输之前，采购人员应提前沟通协调，并办理苗木检验检疫证、运输通行证等。

甲

乙

（a）井字包扎

甲

乙

（b）五星包扎

乔木带土球或根盘规格

胸（地）径（cm）	土球直径（cm）	土球（根盘）厚度（cm）	根盘直径（cm）	备注
3以下	10~30	10~20	10~40	
3~4	30~40	20~25	40~50	
4~5	40~50	25~30	50~60	
5~6	50~60	30~40	60~70	常绿乔木带土球：落叶乔木带根盘（含宿土），生长期落叶乔木带土球，特殊树种直根系明显，根盘厚度及球深度作适当调整
6~8	60~70	40~45	70~75	
8~10	70~80	45~50	75~80	
10~12	80~90	50~60	80~85	
12~15	90~100	60~70	85~90	
15以上	按胸径的6~8倍	土球直径的2/3	按胸径的6~7倍	
棕榈类		土球直径的2/3	按筒径的3~5倍	

图5-79 苗木包扎规范

图5-80 植物运输

3 苗木验收

1）装车验收

为了实现苗木快捷有效栽植，将苗木验收前置至苗源地。

装车前，由专人验收苗木品种、规格、土球大小、检疫证明、运输手续。

2）卸苗后复核验收

苗木进场后，应对土球的完整性进行复核验收（图5-81）。

图5-81 植物进场验收

4 苗木修剪

苗木栽植前应结合当地自然条件进行修剪，采取以疏枝、疏叶为主，适度修剪，保持苗木地上、地下部位达到生长平衡。修剪直径2cm以上大枝及粗根时，截口应整齐，并应涂抹伤口防腐剂。

5 苗木栽植

1）定点放线

（1）按照施工图纸尺寸定点放线；

（2）进行行道树栽植时，宜采用路沿石或固定建筑物为参照点，进行相等株行距定点放线；

（3）绿植、花卉放线时，要求线条流畅优美，尽可能还原图纸设计效果（图5-82）。

图5-82 苗木栽植

2）树穴开挖

（1）树穴开挖时穴壁和穴底应垂直。如果穴底有建筑垃圾时，应向下深挖并彻底清除渣土。

（2）树穴应大于土球直径40～60cm，深度大于土球厚度30cm，开挖的表层土就近堆放，深层土堆放在外围。

（3）当地势低洼或者地下水位较高时，若挖掘过程中出现积水，应抬高地面，并采取降水措施或调整栽植位置。

3）苗木栽植前的准备

（1）材料准备：检查材料物资准备情况，如：撑杆、支撑连接器、专用树干保温棉、伤口涂抹剂、杀虫杀菌剂、生根粉、喷雾器、透气管、浇水修剪工具等。

（2）配苗、散苗：苗木到场后，应及时核对品种、数量、规格。根据观赏要求、苗木大小分级情况及层次要求，按照图纸进行散苗。

（3）提前安排工人，根据土球大小，按要求将树坑提前挖好（图5-83）。

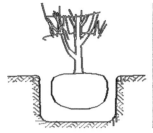

图5-83 树坑开挖

4）行道树栽植

（1）栽植后的树木土球表面与地平标高一致或微高于地平；

（2）带土球树木栽植时，应先将土球在树穴内放妥，再去除包扎物并将其取出，然后从树穴边缘向土球四周培土，分层夯实，不伤土球；

（3）行道树必须等株距栽植且在一条线上（图5-84）。

图5-84 行道树栽植

5）移动式容器苗

（1）位置选择：宜放置在大门口、房舍出入口处和建筑物周边等位置；

（2）选择标准：时下市场货源充足、适宜室外生长、抗逆性强，容器立苗时间3个月以上；

（3）运输：采用箱式货车或普通货车运输且用篷布覆盖，防止苗木运输过程中的脱水和冻伤；

（4）卸车及摆放：根据图纸尺寸要求，定好摆放位置；采用人工、板车或者随车吊，将容器苗运到指定位置并进行布置。

6）人造草皮铺设

（1）选择标准：人造草皮宜选择深绿或浅绿色的仿真草皮，材质为PE，草高1～4cm，针数100～200针/m²，密度为5250～10500簇绒/m²；

（2）位置选择：隔离区工作区，箱房构筑物周边；

（3）草皮铺设：根据场地使用的基本要求，将地形平整干净，清理地表垃圾、石块等，达到要求后方可铺设；

（4）对整个场地测量放线，测量场地的位置并做好标记，确定好人造草皮的铺设方向和位置；

（5）在草坪接合面处铺上拼接带，并用专用铆钉固定，铆钉头不可凸起，接合区需交接重合10cm以上；

（6）在接合界面上涂抹胶水，在胶水干燥前，将剪裁好的草坪平铺并接合，让每幅草坪之间紧密粘合；

（7）铺设完成后，需仔细检查各接合区粘合是否平顺，人造草坪的粘合是否牢固，与原有绿化或道路交接部分应加密专用铆钉，防止大风刮起。

7）苗木支撑

（1）支撑应在浇灌定根水之前架设简易支撑固定，土球和土壤结合密实后用正式支撑固定。

（2）三角支撑的支撑点应在树高的1/3～1/2处。一般常绿针叶树，支撑高度应设在树体高度的1/2～2/3处，落叶树应设在树干高度的1/3处，四角支撑一般高1.2～2m，"n"字支撑高60cm，地锚桩高度在15cm以上。

（3）三角支撑的一根撑杆必须设立在主风方向上位，行道树的四角支撑，其中两根支撑必须与道路平齐。

（4）三角支撑倾斜角为45°～60°，一般以45°为宜。四角支撑与树干夹角应控制在35°～40°。

（5）支撑杆应设置牢固稳定、不偏斜，支撑树干扎缚处应夹垫透气软物（图5-85）。

图5-85 苗木支撑

8）设置围堰、浇水

（1）设置灌水围堰，围堰直径大于土球40cm，提高存水能力（图5-86）。

图5-86　苗木灌溉

（2）定根水应在定植后立即浇透第一遍水，3～5d浇灌二遍水，7～10d浇灌三遍水。灌水时可将1000倍液的生根粉随二遍水一同灌入。

（3）灌水应控制水流速度，不可大水猛灌。

（4）灌水后发现树穴积水的，应采取打孔灌砂措施。

（5）灌木色块留明围堰，有利于存水和分隔。

（6）时令花卉，根据天气情况，及时喷水养护。

6　苗木养护

严格按照相关规范要求，对绿化苗木进行养护（图5-87），

图5-87　苗木养护

其养护标准如下：

1）树木树冠完整美观，分枝点合适，枝条粗壮，无枯枝死权，修剪科学合理，内膛不乱，通风透光。花灌木开花及时，株形丰满，花后修剪及时合理。绿篱、色块等修剪及时，枝叶茂密，整齐一致，行道树无缺株，不能影响高压线、路灯和交通。

2）花池、花带轮廓清晰，整齐美观，色彩艳丽，无残缺、无病虫害、无残花败叶。

3）绿地内无死树、杂树、枯死枝、杂物、砖石瓦块和塑料袋等废弃物。

4）养护工作主要包括：浇水、施肥、中耕除草、整形修剪、病虫害防治、防寒等。

5.11.4　质量控制

1　现场技术交底

现场技术交底采用三级制，即项目技术负责人→施工员→各班组长。项目技术负责人向施工员交底，要求细致齐全，对主要部位的质量要求、操作要点及注意事项等进行交底。施工员接受交底后，反复、细致地向操作班组长交底。班组长接受交底后，组织工人认真讨论，保证施工质量。

2　建立质量管理组织体系

建立质量管理组织体系是认真落实质量管理措施，实现质量管理目标的重要保证。本工程的质量管理在业主和监理的共同指导下，以本工程项目为质量管理中心，成立专职的质量控

制组织体系来具体实现质量管理的目标和措施，质量管理组织
体系如图5-88所示。

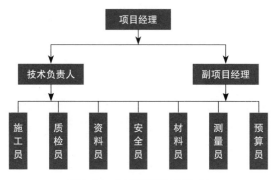

图5-88　质量管理组织体系

5.11.5　成品保护

1　合理安排工序，确定保护方案

在准备工作阶段，由项目经理领导，配合绿化、安装、土
建等专业施工员对施工进行统一协调，合理安排工序，加强工
种的配合，正确划分施工段，避免因工序不当或工种配合不当
造成成品损坏，研究确定成品保护的组织管理方式以及具体的
保护方案，对重要构件保护下发作业指导书。

2　建立成品保护责任制，责任到人。派专人负责各专业
所属劳务成品保护工作的监督管理。

3　各专业施工员会同各分区的成品保护责任人进行定期
的巡回检查，将成品的监护作为项目重要工作进行。

4　加强职工的质量和成品保护教育及成品保护人员岗前
教育，树立工人的配合及保护意识,建立各种成品保护临时交

接制，做到层层工序有人负责。

5 除在施工现场设标语外，在制成品或设备上贴挂成品保护醒目的警示标志，唤起来往人员的注意。

6 对成品保护不力的单位和个人以及因粗心、漠视或故意破坏工地成品的单位和个人，视不同情况和损失，予以不同程度的经济处罚。

6 疫情防控

6.1 前期准备阶段

6.1.1 物资准备

1 防护物资

应准备的防疫物资包括：医用外科口罩、医用防护口罩、护目镜、隔离防护服、防护面罩、面屏、一次性医用手套、免洗手消毒凝胶、84消毒液、75%医用酒精。

2 防疫器械

应准备的防疫器械包括：小喷壶、大喷壶、测温枪、录音喇叭、对讲机、温度计、宣传标语。

6.1.2 场地准备

对疫情防控区域的布局进行评估，满足防控功能，确保疫情防控措施得以实施：

1 核酸检测点：有明确的进出口通道，且留有足够的空间保证1m安全间隔，并设置明显标识，当核酸检测点设置于场地中时，通道进出口应分开设置。

2 门禁、门岗：防疫区域进出口处设置足够的筛查区，包括信息登记检查、扫码测温及其他相关内容。

3 隔离间：对确诊人员、疑似确诊人员、与确诊人员近距离接触者等设置单独隔离间。隔离房间设置在隔离区域，且应远离人员密集处及水源取水点，并需具备通风条件及接收、转移和疏散通道。

4 医用物资库房：将用于防疫的物资集中存放，且应设置在清洁区，医用酒精、强氧化剂等易燃易爆危险品应与其他医用物资分开存放，储存数量及方式应符合国家标准。

5 污水、医疗废弃物处理：在隔离区设置医疗废弃物暂存点和污水消杀处理点，且位置应远离人员密集处，并保证外运及处理条件。

6.1.3 人员配备

工程前期应配备以下防疫工作人员：

1 施工现场及办公区域消杀人员；

2 现场巡查及秩序维护人员；

3 污染物、垃圾处理人员；门禁、门岗等值班人员；

4 配合专业核酸检测医护人员。

6.1.4 防疫人员进场教育

由专业医护人员对现场防疫工作人员进行疫情防控相关知识的培训工作。经培训后的防疫人员应做好自身防护工作，并对现场管理人员、后勤保障人员、清洁工等进行现场防疫工作交底，实时监测和评估防控措施的实施情况，按要求向医护人员及上级部门进行反馈。

6.2　施工阶段

6.2.1　建立制度及编制实施方案

1　集中隔离医学观察点实施阶段，项目部应结合疫情特点建立疫情防控管控制度，疫情防控制度如下：

1）建筑工地大门值班人员要严格登记管理制度，严禁非现场人员进入施工现场；对新进入建筑工地的务工人员进行体温检测，无异常者经项目负责人签字确认后方可进入施工现场；外地来工作人员需隔离居住14d以上，隔离期满经确认身体状况良好后，方可按照程序进入施工现场。

2）严格落实每日全员实名制登记制度，对出入建筑工地人员的姓名、籍贯、来去方向、途经地点、交通方式及时间等信息实施真实、动态记录。

3）所有建筑工地工作人员在施工现场应全程正确佩戴符合防护要求的防护口罩。

4）对建筑工地内工作人员，建立健康监测和严格外出制度；每日两次对全体工作人员进行体温检测和登记，出现发热即体温37.3℃及以上、乏力、干咳等症状人员，立即采取隔离、送医等应急处置。

5）工作人员不得随意外出，需要的日常生活用品登记后由专职采购人员负责统一购进。

6）专职采购人员外出采购时应做好自身防护和出入时间、路线做好登记备案；专职采购人员归来后应做好全面消毒、体温检测，无异常后方可进入施工现场。

7）食材采购人员不得接触、购买野生动物，并避免去活体动物，尤其是活禽、野生动物等市场采购，在购买食材时避免接触活体动物；鼓励采购大型超市食材，留存食材合格证明或保质期，并严格登记做好记录。

8）对配送材料、物资等外来人员，车辆进场后，应对车辆进行全面消毒，车上人员应全程佩戴口罩，且不得出驾驶室，货物、物资由项目部安排工地内工作人员负责接收、装卸并建立台账。

9）在项目部安装摄像头，安装硬盘录像机用于存储图像，保证存储时间至少2个月。

2 集中隔离医学观察点疫情防控实施专项方案

集中隔离医学观察点实施阶段，项目部应结合疫情特点及项目特征编制疫情防控专项实施方案，方案内容应包含编制目的、编制依据、防疫组织、物资计划、实施方法、防疫重难点工作分析及应对措施、保障措施等内容，方案内容应详实、具体、可实施性强；方案编制完成经公司审批完成后方可实施。

6.2.2 疫情防控措施

1 组织机构及人员分工

项目部成立以项目负责人任组长的疫情防控领导小组，设立疫情防控管理员，负责项目部疫情防控全面管理日常工作。

1）疫情防控组织机构，见图6-1。

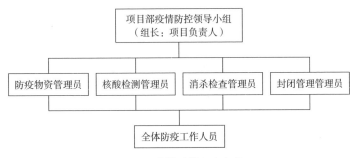

图6-1 疫情防控组织机构

2）项目部疫情防控组织机构工作职责，见表6-1。

疫情防控组织机构工作职责 表6-1

成员	职位	疫情防控工作内容及职责
项目负责人	组长	1）全面负责项目疫情防控工作； 2）负责组织现场防疫工作正常进行； 3）督促各防疫管理员、防疫人员等落实疫情防控责任
防疫物资管理员	副组长	1）协助组长做好项目疫情防控工作； 2）负责疫情防护用品采购及管理； 3）负责防疫物资储备及按需发放
核酸检测管理员	副组长	1）协助组长做好项目疫情防控工作； 2）负责现场核酸检测联络、设备调试等准备工作； 3）负责督促现场全体人员核酸检测、维持现场秩序
消杀检查管理员	副组长	1）协助组长做好项目疫情防控工作； 2）负责公共区域、卫生间、餐厅的消杀及卫生； 3）负责现场废弃防疫用品的集中回收及管理
封闭管理管理员	副组长	1）协助组长全面负责疫情防控工作； 2）负责施工现场各出入口人员进出扫码测温登记； 3）负责现场车辆进出登记、扫码消杀工作

续表

成员	职位	疫情防控工作内容及职责
防疫人员	疫情防控工作人员	1）对各自工作范围内疫情防控负责； 2）积极落实的各项防控措施； 3）配合各管理员开展疫情防控工作； 4）督促全体施工人员做好疫情防控

注：项目部管理人员应结合项目实际，合理分工，确保责任明确到人，实用高效。

2 宣传与教育

按照政府部门要求及集团公司要求制作、张贴防护宣传标语，宣传和普及疫情防控知识，提高广大施工人员自我保护意识。项目部落实专人对上级主管部门有关防控传染病的文件、通知、疫情通报等信息及防控传染病的知识向现场所有人员进行宣传教育，充分利用现场黑板报、宣传栏、报纸、电视等新闻媒介对职工进行宣传，同时做好原始记录。项目部每天公布疫情检查情况，有无来自中高风险区务工人员，有无与确诊病例轨迹相同的人员或体温异常人员。

3 消毒与卫生

1）消毒测温管理

每日按照防疫物资说明书，使用84消毒液、医用酒精等，对生活区、办公区、生产区、食堂、卫生间、垃圾堆场或桶开展每2～3h一次的消毒工作，并做好记录；其中卫生间、餐厅、核酸检测点为重点区域，每日应视情况增加消毒次数，并做好消毒记录。厨房根据备餐时间错峰消毒，每日不少于6次，专人负责监督落实，并做好消毒记录。废弃口罩专用收集容器，每日3次使用75%医用酒精或含氯消毒剂进行消毒处理，并做好消毒记录。

2）清洁卫生管理

（1）保持集中隔离医学观察点卫生清洁，做好垃圾储运、污水处理等工作；

（2）除办公室和宿舍的室内卫生外，卫生间、配餐间、浴室等公共区域卫生应统一由项目部安排专职清洁人员负责；

（3）保洁人员工作时须佩戴一次性橡胶手套，工作结束后洗手消毒。每个区域使用的保洁用具要分开，避免混用；

（4）办公室等人员密集地方应开窗通风，保持室内空气流通，每日通风不少于3次，通风时长不少于30min/次，通风时注意保暖；

（5）办公室多人办公时宜佩戴口罩，人与人之间保持1m以上距离；

（6）卫生间配备洗手液、擦手纸等卫生用品；

（7）医疗废弃物暂存间应设有废弃口罩专用收集容器，集中回收废弃口罩，并标识明显标志；

（8）除统一安排清洁外，办公室和宿舍内卫生由办公室人员、住宿人或各班组自行清洁，清洁垃圾集中至指定位置。

4　疫情防护用品采购及管理

1）根据防疫物资使用情况，项目部提前提供物资需求计划，如：口罩、感温仪、防护服、护目镜、消毒液、医用酒精等，并按计划进行采购，确保项目部防疫物资储备充足到位。

2）项目部防疫物资储备不少于7天正常用量。

3）项目部自行采购的防疫物资均按照要求向集团集中采购部进行报备统计。

5　封闭管理措施

1）出入口设24h专职防疫人员，防疫人员应穿防护服、戴防护面罩，做好个人防护；检查进场的所有人员是否正确佩戴医用防护口罩，如未佩戴，按人发放并监督正确佩戴。

2）项目出入口实名管理，进入人员均需扫码登记、持48h内核酸检测报告、绿码及有效证明文件方可进入施工现场。

3）对物资配送等外来人员，车辆进场前，对车辆进行全面消毒，车上人员全程佩戴医用防护口罩，扫码登记、持48h内核酸检测报告、绿码及有效证明文件；货物、物资由项目部安排工地内工作人员负责接收、装卸并建立台账。

4）全体管理人员进场后，不得随意外出，外出人员必须登记、持48h核酸检测报告、绿码，并报备行程记录，每日上下班出入项目必须进行门卫登记。并做好外出行程管理，做好个人防护。

6　食堂管理措施

当施工现场不具备外部餐饮公司配送条件时，应在现场设置食堂，并采取以下疫情防控管理措施：

1）限定就餐时间，根据项目具体就餐时间设定分餐、错时分阶段用餐，减少同时用餐人员，具体阶段以项目部人员多少进行划分；进餐时少说话，不交流；

2）操作间保持清洁干燥，严禁生食和熟食用品混用，避免肉类生食；

3）食堂采购人员或供货人员须正确佩戴医用防护口罩和一次性橡胶手套，避免直接手触肉禽类生鲜材料，摘手套后及时洗手消毒；严格执行食品采购、加工、储存等卫生标准要求；食堂不得违规宰杀、处置家禽和野生动物，切实保障食品安全；

4）餐具用品须高温消毒，餐桌椅使用后进行消毒；有条件的建议营养配餐，清淡适口。

7 核酸检测管理措施

1）现场施工期间每日进行全员核酸检测，单人单检；提前与核酸检测医护人员联系，设立出入口，采集点保持四面通风；提前准备好桌椅、防护用品，调试好设备。

2）敦促现场全员进行核酸检测，组织各施工队错峰检测，维持好秩序，保持2m间隔，提前打开一码通，有序等待核酸检测。

3）核酸检测及配合人员穿戴防护服、一次性工作帽、一次性橡胶手套、防护口罩、医用防护口罩；标本采集后及时送检，室温放置不超过4h。

4）所有产生的医疗废物分类收集，双层医疗废物包装袋分层封扎，严格交接与记录；如遇高度可疑、疑似、确诊新冠肺炎患者产生的医疗废物，应采用鹅颈结式封口，双层分次封扎，标明"新冠"，单独与转运人员交接及记录；医疗废物交接应做好记录，医疗废物交接后，立即对医疗废物桶及废物收集地点进行全面消毒并做好记录。

5）对被采集标本人员接触过的物品及区域，每人次进行消毒；每班次结束后，对工作区域所有物品、物体表面、地面等进行消毒。

6）对每日核酸检测人员应做好台账记录。

8 健康管理

1）应按照疫情防控要求，对所有防疫工作人员进行健康管理，建立健康监测制度，每日对防疫工作人员健康状况进行登记，对相关部门发布的新冠肺炎病例活动轨迹信息要及时对照排查，准确掌握人员健康和流动情况，如有轨迹重叠应第一时间向相关部门报备，并配合做好核酸检测等防控措施。

2）对防疫工作人员进行摸底核实，对密接、次密接、黄码、红码以及近14天有中高风险地区旅居史的人员，交由项目所属地疫情防控部门落实集中管控措施。

3）凡有发热、干咳等症状的防疫工作人员，立即禁止其工作，并做好个人防护，及时报告上级部门，按照当地政府要求转运至定点医院观察隔离，对于密切接触人员严格做好内部观察隔离。

9 防疫物资储备措施

按照项目人数的实际情况和行业特征，足量准备各类疫情防护物资。列明各防护用品清单，包括规格、数量、使用对象、可用时长等信息（表6-2）。

防疫物资储备清单　　　　表6-2

使用对象：　　　　　　　　　　　可用时长：

手持式测温枪	（　）个	84消毒液	（　）升
废弃防疫用品垃圾桶	（　）个	筒式喷雾器	（　）个
医用防护口罩	（　）个	喷洒壶	（　）个
……	……	……	……

10　疫情防控资料管理

1）项目部建立职工健康档案，并指定专人管理，建立"一人一档"。

2）项目部将疫情防控资料纳入项目管理资料专项整编，各类信息报送及文件上传下达工作安排专人负责，在要求时间内完成。

3）项目部疫情防控资料管理包括"日报告"内容、人员花名册、接种疫苗信息、人员核酸报告信息、行程信息记录、测温记录，食品采购、加工、储存信息，消杀记录、卫生整治记录等信息。

4）疫情防控专项资料包括纸质版及相应电子影像资料，纸质版应由责任人员签字确认，并加盖项目部公章。

6.2.3　人员离场或遣散管理

1　成立防疫工作人员离场或遣散领导小组

组长：×××（项目经理）

副组长：×××（项目副经理）、×××（项目技术负责人/项目安全总监/安全负责人）

成员：×××、×××、×××（项目主要管理人员，根据项目大小原则上不少于3人）

主要工作职责：做好风险评估；摸清人员底数；妥善进行安置；落实工作要求。

2　离场（遣散）要求

1）防疫工作人员离开施工现场前，按当地政府部门防疫要求提前填写离场人员申请表，项目部对申请人进行就地隔离、监测，隔离期满后无异常情况项目部出具离场证明；

防疫工作人员离场申请表

_____项目部：

申请人姓名：_____，性别：_____，身份证号：_____，

联系电话：_____，工作岗位：_____。

本人于 ____ 年 ____ 月 ____ 日因 _____ 到达本项目部，现因项目建设完成需离开本项目 _____（自驾／大巴／火车）前往 _____

_____。

附件：1.身份证复印件

　　　2.核酸检测报告

　　　3.个人电子码

　　　4.其他的佐证资料

本人承诺以上内容属实，提供所有信息真实，无瞒报、漏报、虚报情形，并自觉遵守疫情防控规定。

申请人签字：

202__ 年 ____ 月 ____ 日

防疫人员离场证明

根据防疫有关要求，该人员自____年____月____日至今疫情管控期间未离开项目驻地，该人员自____年____月____日开始隔离至____年____月____日期满14天，隔离期间核酸检测____次，均为阴性。经我项目部核实，同意____，身份证号：_____，联系电话：_____，离开我项目部，请予以放行。

特此证明。

项目部（盖章）

202 年 月 日

2）防疫工作人员离场时需持48h内核酸检测阴性证明、项目部出具的离场证明，并经核实"两码"无异常后，方可离开施工现场。

3 施工任务完成的施工队伍，在负责人的统一领导下，统计离场人数，统一办理离场手续，集中离场，确保安全有序。

4 防疫人员专人负责跟踪离场人员回到出发地，离场人员按要求每日填写"离场人员健康检测情况统计表"（表6-3）、"×××项目防疫工作人员离场汇总表"（表6-4），连续监测7天无异常，方可停止监测。

5 符合离场要求的人员，由项目部组织车辆，统一做好个人防护工作，将防疫工作人员"点对点"送回属地，由所属地疫情防控指挥部依据当地疫情防控管理办法安排集中隔离。

×××项目建设人员健康监测情况统计表　　表6-3

（202×年×月×日）

序号	姓名	联系电话	离场时间（确定后填写）	返回后居住区县/隔离点/项目部	核酸检测结果/已检测未出结果	未检测情况说明	备注

×××项目防疫工作人员离场汇总表　　表6-4

序号	返回地址（省、市）	人员数量	备注
1	陕西省西安市	（　　）人	
2	陕西省咸阳市	（　　）人	
……	……	……	
总计人数	（　　）人		

6.3　防疫工作应急预案

为确保疫情防控工作顺利进行，正确、有序应对突发事件，减少损失，项目部应按照《中华人民共和国传染病防治法》和《突发公共卫生事件应急条例》等有关规定，结合项目防疫工作特点，编制疫情防控应急预案。

6.3.1　组织机构

项目部应组建疫情防控应急工作领导小组（以下简称"领导小组"），并制定出科学可行的工作方案和应急方案，明确各操作环节上的处理步骤及处理方法和具体责任。疫情防控应急组织机构见图6-2。

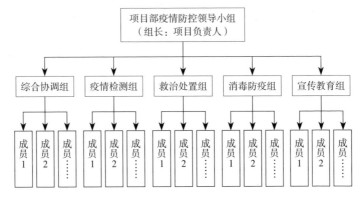

图6-2　疫情防控应急组织机构

6.3.2　人员分工

1　综合协调组

1）负责现场调度、秩序维护、后勤保障、效果评估等工作；

2）根据上级部门及疫情疾控中心的指导和建议，确定是否开工以及开工的具体时间、施工范围等；

3）综合评估各环节工作，提出改进意见，不断优化疫情防控应急流程。

2　疫情检测组

1）负责全体工作人员早晨、中午以及工作过程中的体温检测；

2）疫情发生或者扩散后，负责设置警戒区域，排查施工区域每个人的活动轨迹和接触对象情况，确定确切接触者；

3）对新冠患者情况持续关注，每天加强疫情防控与巡视，并对新冠患者及与其直接接触者、间接接触者加强后续观察和情况排查。

3 救治处置组

1）疫情发生或者扩散后，立即对新冠患者组织进行隔离和初步诊断救治；

2）利用高音广播通知全体工作人员立即停止手头工作，在领导小组的监督下有序分批撤场；

3）确保隔离人员和工作人员的疏散通道相互独立，并安排专人把守两条通道的出入口，避免交叉感染。

4 消毒防疫组

1）根据新冠疫情防控政策及规定，负责集中隔离医学观察点的全面消毒消杀工作，并在新冠患者离开隔离观察室后对留观室进行终末消毒，同时做好每天每次的消毒消杀记录；

2）负责对隔离人员经过的通道及其可能接触过的物品进行应急消毒。

5 宣传教育组

1）负责疫情发生或者扩散后的舆论导向控制工作，稳定、安抚全体工作人员情绪，避免引起不必要的恐慌；

2）对隔离观察人群进行心理疏导，引导隔离人员、留置隔离观察人群不恐慌、不猜测、不传谣，保持积极健康的心态。

6.3.3 应急措施

当工地出现新冠疫情预警时，立即启动应急处置方案，并在第一时间向上级主管部门、卫生部门报告疫情实时动态，并有序组织全体人员隔离观察。

1 对一般发热等病人的处理

1）出现发热咳嗽咽痛等症状，应安排其及时就医，不得带病上班。发热病人退热两天后，且无反复，凭医院的健康证明，才能回岗；

2）在规定时间内将发热人数向相关上级主管部门报告，并对病人作跟踪了解。

2 对可疑病例的处理

1）发热病人经医院确认为有传染病疑似病例嫌疑的，防疫组第 · 时间立即报告主管部门。对在工地发现病人和接触过的人员，防疫组要在第一时间进行隔离观察并通知医院诊治；

2）工地要对可疑病人所在寝室或活动场所进行彻底消毒；对与可疑病人密切接触的人员进行隔离观察；

3）可疑病人在医院接受治疗时，禁止任何人员前往探望；

4）工地应根据可疑病人活动的范围，在相应的范围内调整施工计划和安排。

3 对传染病人的处理

1）若疑似病人被医院正式确诊为传染病患者，防疫组要立即向上级报告，并采取一切有效措施，迅速控制传染源，切断传播途径，保护易感人群，具体要求是：

（1）封锁疫情发生点：立即封锁新冠患者居住所在地及其所在班组，等待卫生部门和相关主管部门的处理意见；

（2）疫情发生点消毒：对工地所有场所进行彻底消毒，消毒必须严格按标准操作，消毒结束后进行通风换气；

（3）疫情调查：工地应配合卫生部门进行流行病学调查。对传染病人到过的场所、可能接触过的人员，进行随访，并采取必要的隔离观察措施。

2）根据新冠疫情防控的相关规定，出现因疫情原因需要部分或全部停工的，按上级建委和卫生部门的通知精神执行。

复工前或者部分施工前，做好充足的消杀物资准备，包括医用口罩、医用护目镜、医用手套、医用防护服、红外体温计、杀菌洗手液、84消毒液、75%医用酒精、消杀喷雾器。

4 严格人员管控

1）严格执行员工摸排、登记，按照"一人一档"做好建档筛查工作：做好人员隔离及医学观察工作，对于来自感染重点地区不能劝返的员工必须严格执行集中隔离14天的要求；隔离期结束后，如无感染症状，采集咽拭子标本检测阴性后，方可正常上班。从其他地区返岗的员工必须严格执行居家隔离14天的要求，如无感染症状，方可正常上班。一旦发现员工有发热、咳嗽等急性呼吸道感染症状，立即报告并督促其到就近定点医疗机构发热门诊就诊，同时做好信息上报和随访。

2）加强消毒、安保人员防疫：大厅接待、门岗检查等对外接触人员，需注意自身防护安全，佩戴一次性医学用品，包括口罩、手套、帽子、防护服，防止交叉感染，并定期对工作场所进行消毒。

3）严格执行出入人员体温检测制度：企业应在单位入口设置体温检测点，严格执行出入人员体温检测制度，体温正常方可进入工作，一旦发现可疑症状，立即指导其就诊。

4）严格落实员工佩戴口罩上岗工作制度：确保员工防护到位，严格落实职工佩戴口罩上岗工作制度，职工开展协作工作、公共作业场所必须佩戴口罩。员工应佩戴符合要求的一次性医用口罩或医用外科口罩；在存在化学毒物或粉尘的作业场所作业时，员工应根据接触浓度佩戴相应的防毒、防尘口罩或面罩。

5）建立员工病假记录制度：员工每天开展健康监测，出现发热、咳嗽、乏力或腹泻等呼吸道症状，应劝其尽早到附近发热门诊就诊。

6）严把企业工作区域入口关：做好来访车辆和人员询问、登记，对来自疫情高发地区或接待过疫情高发地区人员尚不满14天的，禁止其入内；对其他人员进行体温检测，并进行相关信息确认后方可入内。

5　加强公共区域防护

1）每日开始工作前，安排人员对门厅、通道、会议室、电梯、楼梯、卫生间、更衣室等公共区域进行消毒，尽量使用喷雾消毒，并做好消毒记录。对高频接触的物体表面，如电梯间按钮区、扶手、会议室的话筒、桌面等，可用含有效氯250～500mg/L的含氯消毒剂进行喷洒或擦拭，每日至少1次，可根据人流量等实际情况适当增加消毒频次。个人办公工位区域内，对办公桌椅、电脑等每日进行消毒清洗作业，保持工位整洁干净。

2）空调系统定期消毒，加强工作场所通风，保持空气流通。定期对空调系统进行消毒，办公区域空调温度建议控制在冬季18～20℃、夏季26～28℃。建议加大过滤网更换频率，每2小时对所有空调滤网、热回收机组滤网、空调机房地漏等区域用酒精消毒一次。2～4小时开窗通风一次，每次通风时长宜为20～30min。

3）大幅精简现场集中开会和集体活动。大幅精简大型会议、集中培训、大型活动和大型外部接待等人员聚集活动。对于必需的会议，应控制会议规模、会议时间，保持会场通风，参会人员应佩戴口罩，进入会议室前洗手消毒，会议时保持间隔，尽量不使用公共杯具。会后使用0.5%的84消毒液抹擦物体表面及地面。

4）规范垃圾处理，进一步加强垃圾的分类管理。规范垃圾处理，及时收集并清运，加强垃圾桶等垃圾容器清洁，定期消毒处理。放置废弃口罩专用箱，安排专门保洁人员对废弃口罩专用箱及周边进行清洗、消毒。

6 完善后勤管理

1）加大防疫知识宣传。利用企业宣传栏、公告栏、微信群、企业网站等途径开展多种形式新型冠状病毒感染肺炎和呼吸道传染疾病防治知识健康宣传教育，使员工充分了解健康知识，掌握防护要点，做到早发现、早报告、早隔离、早治疗、早控制。

2）进行员工心理干预。密切关注员工心理健康，一旦发现苗头问题，及时安排企业医务人员或专业心理干预专家开展心理健康干预和辅导，消除和减少疫情带来的感染恐慌和心理伤害，避免极端事件发生。

3）加强对餐饮、安保、保洁、驾驶等服务及人员的管理。服务人员每日进行体温测量，近期去过感染区，或者与病患接触过的人员禁止从事食堂服务。食堂采购人员或供货人员须佩戴口罩和手套，避免直接手触肉禽类生鲜材料，摘手套后及时洗手消毒。安保人员须佩戴口罩工作，认真询问和登记外来人员状况，发现异常情况及时报告。

4）强化食堂管理，提倡用餐分时段分餐制。强化食堂管理，确认食堂的安全卫生。设立公共洗手消毒设施，供就餐人员餐前餐后洗手消毒。用餐尽量采用分餐制，避免人员密集，餐具用品必须高温消毒。对于采取外送餐食、外部定点就餐的单位，应加强对供应商食品卫生、疫情防控等方面的管控。

5）加强卫生间等重点部位的管理。每2h进行一次消毒清洗作业，中午高峰期，每30min进行一次。所有洗手台保证足量的肥皂或杀菌洗手液，张贴正确洗手方法，提供流水洗手，引导员工正确地洗手。

7 后勤保障

7.1 目的

后勤保障是满足工程项目高效有序推进的重要前提和基础，尤其是集中隔离医学观察点项目，一般时间紧、任务重，物资组织难，且短时间内投入项目参建人员数量剧增。要全面解决好所有参建人员的吃、喝、住、行等问题是后勤保障工作的重点。后勤保障部门要服从大局、服务项目，精心组织，切实解决好参建人员的后顾之忧，确保后勤工作全面、有序、科学、高效实施。

7.2 组织架构及职责分工

7.2.1 组织架构

后勤保障部设部长1名，全面负责后勤工作管理及资源调配，下设副部长2～4名，由部长分工安排，负责具体分管工作（图7-1）。执行层设综合办公室、财务、物资、食品加工、统计发放、卫生防疫、运输、应急维修、协调等小组，执行小组可根据各单位情况及工程规模等进行拆分、合并，如：采用成品

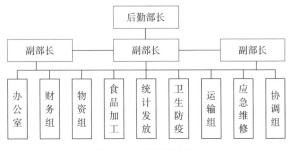

图7-1 组织架构图

配送方式解决人员用餐，则不需要食品加工小组。各执行小组安排组长1人，配备工作人员若干，具体见表7-1。

后勤保障部人员配备明细表　　　　表7-1

序号	姓名	职务	联系方式	身份证号码
1		部长		
2		副部长		
3		副部长		
办公室				
1		主任		
2		办公室文员		
3		宣传员		
财务组				
1		组长		
2		会计		
3		出纳		
4				
物资组				
1		组长		

序号	姓名	职务	联系方式	身份证号码
2		采购员		
3		库管员		
		食品加工组		
1		组长		
2		组员		
		统计发放组		
1		组长		
2		组员		
3		组员		

7.2.2　职责分工

参见表7-2。

职责分工　　　　　　　　　　　　表7-2

序号	职位及姓名	工作内容及职责	备注
1	部长	全面负责后勤保障工作；人员、设备、材料调配；督促各小组落实工作责任	
2	副部长	协助部长做好后勤保障工作；完成部长安排的工作任务；督促分管各小组及时完成工作	
3	办公室	人员登记、统计，工作证、出入证办理；办理进出车辆通行证；宣传标语、条幅、标识标牌等的制作；统计、计划；文件接收、发放，宣传工作及外媒对接	
4	财务组	资金筹措；材料、设备等物资货款支付；人员工资支付；其他零星费用支付	
5	物资组	生活物资采购；办公用品采购；劳保用品采购；防疫物资采购；应急物资、设备采购、调拨；物资(仅后勤物资)的入库登记及发放	
6	食品加工组	食材分拣、清洗；厨具清洗；菜品切配；食物加工、分装；逐日编制材料计划	

序号	职位及姓名	工作内容及职责	备注
7	统计发放组	制定报餐、领餐制度；统计报餐人数并反馈食品加工组；发餐秩序维持及发放、登记；发餐数量统计汇总	
8	运输组	人员运输及应急车辆准备；材料装卸、转运；工作餐运送	
9	卫生防疫组	厨余及用餐垃圾清理；临时厕所卫生清理；操作间、发餐区域、厨具消杀；人员防疫及卫生检查；劳保及防疫物资发放	
10	协调组	①建设、防疫、城管、公安等相关外部关系协调，确保人员、物资车辆正常抵达；②与相关部门协调，落实人员住宿场所；③与一线作业单位协调，及时掌握人员动态；④各执行小组间工作协调，确保有序运行	
11	应急维修组	水电安装及日常巡查、维修；配合物资库房搭设；应对雨雪天气紧急措施落实；应急设备维护，紧急情况启用	

7.3 后勤保障措施

后勤保障的主要工作内容是为一线人员提供交通、食宿、物资供应、卫生健康等方面的服务，同时要确保现场安全、防疫、维修、应急等工作。

7.3.1 交通保障

1 受政策影响，特殊时期人员、车辆出行限制，为保障充足的人员及机械，需要协调政府相关部门办理车辆通行证，同时为人员办理工作证明，使其能顺利抵达施工现场。

2 为保障人员、物资运输及应急需要，现场准备大巴车、中巴车、货车、商务车、轿车，确定各种车辆的需求数量，并配备专属司机24h待命，由运输组（或车队）统一管理。

3 为方便现场管理，无关人员及车辆禁止进入。由办公室负责对进场人员造册登记，办理工作证，场内车辆办理临时通行证。

7.3.2 饮食保障

饮食保障是后勤保障的核心，是安定人心的关键。因此必须高度重视，在具体方案的制定中应根据不同地域、季节及外部环境等因素综合考虑，不同的方案适用于不同的情况。如冬季气温低，应考虑供应加热食物，而夏季则不需要这方面的考量；正常情况下可考虑专业餐饮公司配送，疫情期间商家不营业，则应考虑现场餐饮加工制作。此外，由于工地就餐人员众多，可采用组合方案，实施多措并举。

饮用水保障以开水供应为主，夏秋季可辅助供应桶装和瓶装纯净水及绿豆汤等进行防暑降温。在现场设置多处热水供应点，每处供水点设置电热保温桶2个，并接入自来水24h不间断供应热水。为防止停水，储存桶装满纯净水应急备用。保温桶数量可按每200人一个测算，轮班作业时根据每班作业人数测算。

7.3.3 住宿保障

应急工程突出的特点就是"急"，一般均实行24h轮班作业，为保证人员的健康和施工安全，必须防止疲劳作业，确保作业人员得到有效休息。主要有现场安置和异地解决两种方式。

1）现场临时安放箱式活动房，箱房作为临时办公及住宿场所，配备相应设施。该方法适用于施工场地足够大，且箱房资源充足的情况。

2）对场地和资源有限，一般仅能满足现场办公及部分必须24h驻场的少量人员住宿，可以通过协调政府有关部门、兄弟单位及相关社会关系等，利用附近的酒店、旅馆、空置房屋、其他公共资源，甚至其他项目的临建或利用突击改造的仓库等就近安置大部分人员，这种方式需要交通保障配合。另外，还可充分利用现场配备的大巴、中巴车辆，为工人临时休息提供便利。

7.3.4 物资保障

各小组及时编制采购计划，报物资组统一采购，物资组根据计划通过招采平台、网络及成熟供应商落实采购事宜，对于特殊时期的紧缺物资，要有备选供应商作为应急储备，物资采购执行集团招采制度及流程，做到急而不慌、忙而不乱，同时注意成本控制。对于食材采购按照提前24h报计划，使用前12h内到场，既不能影响后厨使用，又要保证新鲜，物资进场后严把质量验收关，确保食品安全。

7.3.5 医疗卫生保障

按照文明工地标准现场设置医务室，配备专业医护人员及必要的器械、材料、药品，及时处理小的磕碰等伤情。遇较严重伤情及时按照应急预案送应急医疗机构医治。现场应按照有关政策要求做好人员健康检测。

后勤卫生管理主要包括生活垃圾、厨余垃圾清运，生活区、临时卫生间清扫、现场消杀、厨具消毒等。设专人负责，配备充足作业人员，再细化为防疫、保洁、清运等具体实施小组。及时为后勤人员发放口罩、手套、消毒液等防疫物资及套袖、帽子、围裙等劳动防护用品。批量购置成品移动厕所及玻璃钢化粪池，快速接通上下水，作为临时厕所；现场设置多处垃圾收集点，购买各色垃圾桶进行垃圾分类管理，安排专人巡查、清扫，并联系清运公司及时清运。

7.3.6 财务保障

财务保障是后勤保障工作的物质基础，是后勤保障工作的保障，只有不间断的资金供应方能保证后勤保障工作顺利进行。由于应急工程的特点，财务保障也有任务急、准备时间短、短时资金用量大的特点。为提高保障能力，财务部门需要完善应急方案，明确经费供应渠道、现金储备及应急情况处置方式。筹措充足资金并专款专用，预留足够的备用金以应付突发事件。为及时配合工作，财务部门前移至现场办公，进一步优化财务工作流程，提高工作效率。为提高临聘人员工作积极性，保证物资供应及时性，应日结日清，同时及时完善资金使用手续，整理相关资料，接受监督。

7.4 后勤保障落实工作

7.4.1 准备阶段

1 应充分了解工程规模及施工计划,参与生活区域的方案设计及实施。

2 应有满足要求的操作间及分类物资储备库房、后勤办公用房。

3 操作间及物资库房面积应根据投入的劳动力进行测算,操作间数量及面积确定后及时编制物资采购计划,含厨具、燃料、货架、调料、菜品(暂按24h用量考虑)、油品、厨房电器设备、餐盒、筷子、消毒防疫物资、劳保用品、办公桌椅和办公用品、寝具、各类工具、医用物资、制度牌、标识牌、化粪池、移动厕所、电热保温桶等,计划由各小组编制,办公室汇总,相关领导签字后发物资组采购。

4 物资组应按就近原则提前了解周边物资供应商,在充分考虑供应能力后,择优选定若干供应和备用单位。当现场条件具备时,物资应尽快运送到位,并按规定验收,登记入库。各小组指派专人领取,并办理领用手续。

5 人员、车辆进场后到办公室登记造册,办理工作证、出入证,尤其厨房操作人员及其辅助用工除正常备案登记外必须查验操作证、健康证明等资料,检查合格后方可上岗。

6 移动厕所、化粪池到场后移交临设搭设单位安放,电热保温桶除生活区预留安装外,全部移交安放于施工现场热水供应点。库房、厨房布置到位后立即接通水电，全面清洗消杀，保证可随时开火，同时按消防要求配备充足的消防器材。

7 为应对雨雪天气，提前准备折叠四角帐篷和彩条布，规划好遮雨棚搭设位置，保证需要时快速搭设到位。

7.4.2 实施阶段

1 建立报餐和领餐制度，由于现场24h轮班作业，考虑每昼夜供餐4次，开始时间分别定为6：00、12：00、18：00、0：00，根据供餐时间结合后厨每班人数、工作效率等因素确定报餐时间，早餐为凌晨2：00前，其他三餐为发餐前2h报完，报餐、领餐以现场投入的各分公司为单位，指定专人负责。报餐、领餐由统计发放组统一管理，按单位发放领餐卡。

2 统计发放组及时汇总各单位用餐数量，反馈食品加工组，食品加工组按需配餐。由于人员众多，后厨工作量大，各单位上报的用餐人数应准确，防止浪费或配餐不足。

3 领餐时错峰进行，由发放组根据报餐顺序结合各单位人数多少合理调配，原则上需求量最大者放在最后或最前，一次集中领走，防止人员聚集拥挤，领餐过程中应有序排队登记。为便于管理，领餐处应分设出入通道，可采用护栏隔离。

4 在报餐统计数量的基础上适当增加供给量，以应对现场临时增加工人及零星货运司机用餐及各单位补餐；利用实名制管理系统准确掌握现场人数，做到有备无缺。

5 用餐计划管理主要分三部分，即用餐品种计划（食谱）、基于该计划的食材计划及其他材料计划。食谱及食材计划由食品加工组编制，食谱按周编制，列出每日四餐的具体食物，做到荤素搭配、营养均衡、品种丰富，计划编制完成后由组长审核，报主管副部长批准后实施。食材计划按日编制，提前24h上报，其他材料由各小组分别编制，组长审核，所有计划由办公室统一汇总，经主管领导审批后交物资组采购。

6 物资采购由物资组具体实施，接到采购计划后先分类整理，采购人员按不同类别分别联系不同供应商下单，需要支付定金时应及时与财务组联系办理，防止耽误。

7 物资到场后应及时验收入库，办理结算手续，树立良好信誉，为后续工作顺利开展打好基础。物资领用由各组指派专人负责，执行集团制度，办理领用手续。库存物资每日盘点并将情况反馈组长，需要特别说明的是在接近后期时应结合人数变化情况及时消除库存，调整采购计划，避免积压、浪费。

8 后勤保障副部长带队对现场饮食、卫生防疫和应急维修等后勤保障工作情况进行巡查及改进，组长参与。主要工作内容是深入施工现场及工人就餐场所，实时了解用餐真实状况，有无浪费或缺供现象、卫生清理是否及时、热水供应能否保证、设备有无损坏、食物供给量是否足够、对饭菜质量的意见等。根据现场就餐情况，及时调整工作部署，持续改进，提高服务质量。

9　实行日报及碰头会制度，每日17：00前由各组长编写每日工作日报，统一报办公室，每日21：00组织召开各部门负责人碰头会，总结当日工作，讨论改进方案，部署第二日工作。

10　组建工作群，及时反馈工作状况、计划、日报内容，做到互通有无，信息共享，简化工作程序，提高工作效率，及时掌握后勤各部门之间的配合运行及工作状况。

7.4.3　末期撤离阶段

1　末期人员逐渐撤离，人心不稳，易出现破坏、偷盗及侵占等问题。后勤保障部应加强对重点区域的巡查及看管，在确保安全稳定的前提下，持续做好后勤服务，做到善始善终，站好最后一班岗。

2　对剩余物资及设备等及时归类整理，建立台账，按公司要求集中存放，或调拨、转移，或回收利用。

7.5　应急管理保障

7.5.1　应急机构及职责

1　成立后勤保障应急领导小组，由后勤部长任组长，副部长任副组长，组员包括各全体管理人员，分为通信组、救援组、疏散警戒组、应急维修组、保障组。具体名单、联系方式及主要职责详见表7-3。

应急领导小组职责分工表　　　　　表7-3

分工	姓名	职务	联系方式	职责
组长				总负责、总协调
副组长				外联
				现场处置
				调查及善后
通信组				①应急小组内信息的传递沟通 ②与外部联系及内外信息反馈 ③负责应急过程的记录整理
救援组				①在外部救援人员未抵达前对伤者进行必要救治 ②协助救援机构转送、护理 ③人员物资转移、保护 ④现场清理，恢复生产
疏散警戒组				①事故现场保护、警戒，秩序维持 ②负责保持救援通道畅通，引导救援车辆 ③封闭事故现场，配合调查
应急维修组				①应急抢修等工作的具体实施 ②紧急事件时的用电管理 ③应急事件后的设备维修，供水、供电修复、恢复
保障组				①个人防护、急救用品及生活物资供给保障 ②抢险抢修及救援物资、设备保障
调查及善后				①参与或配合事故调查 ②内部事故调查报告编写 ③事故善后处理

2 做好人员的入场教育，将后勤作业人员教育纳入三级教育体系。班组级应由后勤管理部进行，要结合工作性质，突出工作特点，体现教育的针对性。

3 做好进场人员的安全技术交底，对操作环境中可能存在的危险因素一定要清楚交底；交底内容必须包含卫生和防疫工作的相关要求及注意事项，必要时进行专项卫生防疫交底。

4 特种作业及后厨人员必须持证上岗，特殊时期也应持有有关检验、检测等医学证明。

5 临水临电由专职人员管理，严格按照规范及方案执行，严禁私拉乱接。

6 按要求配备充足的消防器材，后厨附近应设消防墙或微型消防站，配灭火器，消防沙箱，消防桶，消防铲、斧、钩等。

7 易燃易爆物品应单独存放并远离火源，燃料与炉灶必须保持安全距离，临建搭设时应考虑预留消防通道，任何情况下禁止占用。

8 严把材料物资进场验收关，尤其餐盒、食材等，需向正规厂家采购，查验相关质量证明文件及卫生许可、检验检疫等资料，杜绝三无产品入库。

9 做好卫生清理及后厨、库房、餐具、厨具定时消杀，原则上每餐不少于1次，循环使用的发餐工具收回后必须随时清洗消毒备用。

225

10 划分卫生责任区，明确责任人，制定管理制度及验收标准，实时监督。

11 设在现场的电热保温桶上盖必须上锁，并在饮水点设专人看管，严防投毒。

12 厨房设食品留样柜，每餐食物留样本，并做好留样记录和样品标记，注明名称、加工人员、加工时间等信息，保存证据。

13 坚持做好水、电巡查，发现问题及时维修处理，确保后勤工作正常开展。

7.5.2 应急措施

1 停电措施：为防止公网停电致使办公、生活及后勤工作瘫痪，现场配备2台柴油发电机，预先准备柴油400L，并调试妥当，可随时启用，一台250kW，安放于办公生活区总配电箱旁，作为主备用电源；另一台10kW，安放于食堂操作间配电箱附近，作为防止办公生活区线路故障造成食物无法加工时备用。如出现紧急情况，应急维修组应立即到位，15min内接通备用电源。

2 停水措施：利用施工现场配备的洒水车、储水箱储备生产用水，生活区设生活水箱储备生活用水，如储水量不够或不具备设置生活水箱条件时，可结合办公需求储备足够数量桶装水，紧急时调用，确保饮食供应。

3 火灾措施：出现火情应及时拨打119报警，并组织扑救，在消防队未到来前应组织义务消防员集中力量，迅速、果断进行初期灭火，防止火势蔓延，同时划定警戒线，维持秩序，保持消防通道通畅。电工应立即切断电源，救火时应根据火源性质选择合适的灭火器材，油料及电器故障引发的火灾坚决不可用水灭火。如有人员被困时应以抢救生命为首要任务，积极抢救被困人员，使其尽快脱离威胁；如有伤亡，立即送医救治。

4 触电措施：发现触电事故时应用干燥木棍、塑料管等绝缘材料将电源与伤者迅速分离，通知值班电工拉闸断电，有人员伤亡时及时拨打120求救。保护事故现场，清理闲杂人员、车辆，保证救援路线畅通。现场医务人员及时对伤者实施人工呼吸、心脏按压等急救措施，情况好转时及时送医院救治，随后由专业电工现场检查维修，排除险情，恢复供电。

5 食物中毒措施：如发现饭后多人出现呕吐、腹泻等不正常反应时应及时报告并拨打120急救电话，联系送医院救治，并通知食堂保留剩余食品以备检验。

6 应急救援：建立应急值班制度，每日安排应急值班负责人并公布电话，提前联系就近医疗机构，作为应急定点救治医院，预留紧急联系电话，规划好救援路线，以保证应急事件发生后能及时救援。

7.5.3 其他应急事项

后勤保障应急管理作为项目应急管理的组成部分，应纳入项目应急管理体系，接受项目应急领导小组的统一管理，发生险情时应按照事故报告流程及时向有关部门及人员报告，在上级应急小组的指导下积极开展应急救援工作。关于教育培训、应急演练、应急启动、善后处理、事故调查等均接受项目应急领导小组的统一安排，按项目安全应急预案执行。

8 商务管理

8.1 组织机构及职责权限

8.1.1 组织机构

组织机构参见图8-1。

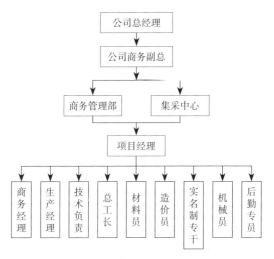

图8-1 商务组织机构图

8.1.2 职责及职权

1 前期准备阶段

1）公司总经理负责与建设单位对接项目合作模式。

2）公司商务副总经理负责组织项目前期策划及后续商务工作的研判。

3）公司商务管理部根据项目合作模式及项目整体情况，编制项目商务管理纲领性文件资料，控制项目成本。

4）公司集采中心根据项目特性，提前对劳务、材料、机械设备及其他物资进行市场价的巡察及摸底。

5）项目经理组织商务组织体系建立，并与各参建单位商务人员对接。

6）项目商务经理主导编制商务管理细则。

2 实施阶段

1）公司总经理负责监督该项目公司级商务体系是否运行正常、解决项目商务突出问题。

2）公司商务副总经理负责组织项目施工合同的签订；解决项目经理及商务管理部商务工作存在的问题；定期组织召开项目商务会议。

3）公司商务管理部负责闭合公司领导商务工作安排的落实；指导项目开展日常商务工作；及时解决项目存在的商务重难点问题；定期参加项目的商务会议。

4）公司集采中心应根据项目特性快速完成对劳务、材料、机械设备及其他物资等满足生产方面的一切招标工作。

5）项目经理组织召开商务会议，落实商务进展，分解任务、明确职责、划分责任；对存在问题项及时与参建单位对接；及时落实上级部门的商务工作安排。

6）商务经理负责组织安排项目商务工作的开展；及时解决项目部各岗位商务工作存在的问题；完成部门及项目经理安排的各项工作。

7）生产经理负责安排并完成现场每日发生的人、材、机、措施等成本统计及签字确认。

8）技术负责人编制及完善经济性技术方案的起草及签章；提供图纸、变更等经济资料。

9）总工长负责措施费汇总。

10）造价员负责收集过程经济资料。

11）实名制专干负责实名制签到统计和每日考勤。

12）机械统计员负责统计每日进出场机械及所发生的燃油费。

13）后勤专员负责统计现场投入的生活物资、厨房物资、办公用品、住宿及租车费用。

3　竣工结算阶段

1）项目经理应根据项目完工时间，完成该项目的结算编制工作，并召开结算评审会；分析结算核对过程出现的争议问题；完成项目定案工作。

2）商务经理须按要求时间完成项目结算工作编制、结算评审会的召开及结算上报工作；按约定时间完成结算的核对及争议问题、定案工作。

3）公司商务管理部参加项目结算评审并对结算编制提出合理性建议；审核项目上报至部门的结算资料；配合项目完

成结算的争议问题及定案工作。

4）公司商务副总经理/总经理来协助项目完成定案工作。

8.2　商务管理细则

8.2.1　施工阶段

根据项目费用的分类，将项目建设成本划分为八大类：人工费、材料费、机械费、措施费（安全文明施工设施、临建设施、劳保用品、办公用品、后勤物资、宣传费用、防疫物资及各项检测费用、租车费、水电费）、专业分包费、维护保障费、规费、税金；项目严格执行细则要求完成当日数据统计、签字确认；具体内容详见如下：

1　人工费

人工费指的是现场投入的管理人员、劳务人员、后勤等人员的直接人工费以及现场实际发生的由承包人直接支付的人工工资、补贴费用等。

1）由生产经理负责安排完成每日人工工日统计、确认及水印照片留底。

2）项目实名制专干做好实名制签到统计和每日考勤。

3）由生产经理联系财务部及集采中心提供工资发放表、劳务合同、转账记录、工资发放表作为单价依据。

4）每日资料签字后统一由造价员收集并核实准确性；商务经理把关审核。

详见附件2。

2 材料设备费

材料设备费指的是供给该项目实体工程投入的所有实际材料耗用量及进场设备，包括主材、辅材、外租、周转材料及设备等费用。

1）材料员将每日进场材料、设备的进场量按制式表格起草后商务经理审核无误，由材料员联系甲方、监理进行确认（需后附每日进场材料的水印照作为支撑依据）；

2）材料员将外租材料按进、出场时间进行确认；

3）由生产经理联系集采中心提供采购合同、结算单据或收料凭证、采购发票作为结算依据；

4）每日资料签字后统一由造价员收集并核实准确性；商务经理把关审核。

详见附件3。

3 机械费

机械费是指现场为保证生产及办公所投入的所有大型机械进出场费用、机械现场施工费用、相关油料费用等。

1）机械统计员统计每日进出场机械及所发生的燃油费等，并完善签字；

2）机械统计员需对每日进场机械拍摄水印照留底，并作为支撑依据；

3）由生产经理联系集采中心提供承包人与机械单位签订的合同、结算书、发票等凭证；

4）每日资料签字后统一由造价员收集并核实准确性；商务经理把关审核。

详见附件4。

4 措施费

措施费是指为保证项目正常生产及办公等投入的一切措施费，如：安全文明施工设施、临建设施、劳保用品、办公用品、后勤物资、宣传标识标牌、防疫物资及各项检测费用、租车费、水电费等。

1）由综合办后勤专员负责起草现场投入的生活物资、厨房物资、办公用品、住宿及租车费用的明细及完善签字；

2）防疫专员完成防疫物资、核酸检测、核算人员隔离费、点对点接应路费、遣散隔离费等施工人员花名册及施工天数的统计等，根据陕西省住房和城乡建设厅关于新冠肺炎疫情防控期间建设工程造价有关事项的通知，疫情防控期间每人每天增加40元的防疫费用及现场实际投入费用，据实计入；

3）材料员，负责每日进场临时设施、各类安全文明标识标牌等材料的拍照、确认；

4）由项目电工完成进出场水电费的统计，据实计入；

5）生产经理安排财务部、集采中心，将相关采购合同、采购清单/供货单、采购发票、租车支付转账记录等相关凭证；

6）措施费汇总由总工长完成；

7）每日资料签字后统一由造价员收集并核实准确性；商务经理把关审核。

详见附件5。

5 专业分包配合费

专业分包费指的是以包工包料形式分包的专业分包内容。

1）商务经理起草分包合同，由项目经理、商务经理与分包单位负责人进行合同洽谈并完成合同签订；

2）以承包方与分包方签订的分包合同、结算书、发票据实计入。

详见附件6。

6 维护保障费

维护保障费指的是工程移交使用后承包人需组建运营保障队，为本项目提供的各项服务；包括但不限于运营保障人员工资、食宿费、物料采购费、维护保障期间的防疫物资等全部内容。

1）由生产经理安排人员对运营保障实际发生的人工、材料、机械等费用按天进行确认；

2）由生产经理安排人员做好劳务合同、结算单；

3）由商务经理根据项目实际发生情况，进行运营保障费用的上报；

4）每日资料签字后统一由造价员收集并核实准确性；商务经理把关审核。

详见附件7。

7 规费

按照政府部门规定应缴纳的各项费用，承包人提供凭证，据实计入。

1）由财务缴纳相关规费费用，并将收据报项目商务经理处；

2）商务经理按实际发生费用计入结算。

8 税金

承包人依法必须缴纳的增值税及附加税。

商务经理按项目所在地区填报税率计入结算。

9 汇总表

由生产经理完成本项目直接成本的汇总，商务经理完成审核。

8.2.2 结算阶段

1 商务经理根据施工合同或甲方要求，完成结算资料的编制。

2 商务经理组织召开本项目结算评审会，公司商务管理部、项目经理、总工长、各分项负责人参加。

3 公司商务管理部审核最终版结算资料，并汇报公司商务副总及总经理，确认无误后按甲方要求时间内上报。

8.3 注意事项

8.3.1 公司相关人员注意事项

1 公司商务管理部做好过程商务把控及抽查，为结算资料做好基础工作。

2 公司商务副总定期组织商务对接会，闭合重点工作落实，管理体系运行情况。

8.3.2 项目人员注意事项

1 每个分项的分项负责人起草好确认单，商务经理必须审核其合理性、可算性、严谨性，无误后每个分项负责人完善签字手续。

2 施工过程影像资料生产经理、商务经理严格按照所发文件要求进行整理及审核。

3 商务经理、造价员必须与生产经理进行对接，收集每日签确资料，并将资料原件进行保存。

4 商务经理与技术部联动，做好应急项目的技术方案商务点的策划。

5 技术负责人完善技术方案的签章，签字手续完善后交由造价员保留一份原件。

6 项目经理每日召开商务碰头会，发现问题及时与甲方、监理对接。

9 后期运维

9.1 组织机构与工作流程

9.1.1 基本要求

通常情况下，应急工程投入使用后，因建设工期紧张，功能还需持续完善，加上使用功能特殊，运维保障工作也是后期的重点。应成立应急工程运维保障机构，开展相关运维保障工作，为应急工程运维提供有力保障。

9.1.2 组织机构

运维保障机构应包含领导小组及各个专业小组，组织机构如图9-1所示。领导小组应有总负责人或总协调人。各个专业小组应包含物资保障组、工作操作组、后勤保障组。具体各个专业人员中，物资保障组应包含且不限于物流协调人员、物资供应人员；工作操作组应包含且不限于土建专业人员、安装专业人员、消防专业人员等。

9.1.3 工作原则

运维保障小组的工作原则及标准是站在工程功能性的立场上考虑问题、解决问题，把应急工程的功能性需求作为首要因素，信息交流畅通，反应快速准确，保证应急工程的运行

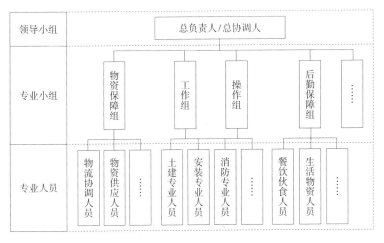

图9-1 运维管理组织机构图

平稳。

9.1.4 工作流程

运维保障工作主要工作流程如图9-2所示。

1 以工作组为核心，全面牵头维保具体工作内容。由工作组负责对接接收单位，获取维保任务，形成维保台账。

2 编制每日维保工作计划，厘清当日维保工作所需的劳动力、材料、机械及防护用品计划，发至工作群，通知物资保障组及后勤保障组准备相应资源，并发商务部备案。

3 按照维保工作计划，由物资保障组准备相应的人、材、机资源，后勤保障组准备相应的防护用品、住宿地、车辆、饮食，并将资源组织情况及时反馈给工作组，便于工作组及时调整工作安排。

4 工作组楼栋负责人及专业负责人每日找物资保障组及

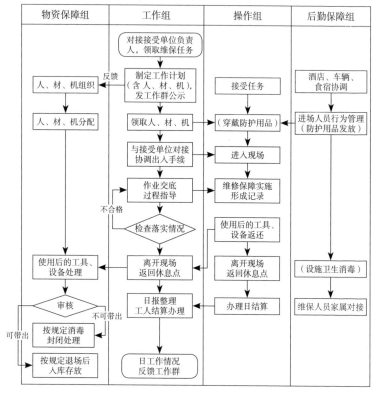

图9-2 运维保障工作流程图

后勤保障组领取人、材、机及劳保用品，机具及劳保用品发放至每个进入现场的人员，并形成发放记录，便于盘点。

5 工作组楼栋负责人与接收单位负责人对接，协调进入现场的通行手续后，方可带领作业人员进入现场。进入现场前，须对作业人员做好安全防疫交底。

6 工作组楼栋负责人及专业负责人进入现场后，对作业人员进行工作分工及施工交底，明确作业内容、部位、标准及注意事项。

7 作业人员按照管理人员交底进行维修操作，每一项维修内容形成维修记录，作业人员每完成一项内容向专业小组负责人汇报，先行自检合格后，再通知接收单位进行联合验收，确保维保工作按要求落实到位。

8 当日维修工作完成后，作业人员将所有工具按领取记录返还。物资保障组根据工具类别决策，可留在现场的机具则按照院方要求消毒后存放于指定地点，便于后续使用；不可留于现场的机具返还后按照防疫规定进行消毒，登记入库。

9 当日人员退场后，按照公司规定，返回相应休息地点休息待命，并做好每日体检、观察工作。

10 工作组每日负责对当日维保情况进行统计汇总，形成维保日报，领导审核后发至工作群公示。

11 后勤保障组每日须按照防疫相关规定对住宿地进行消毒，创造安全、健康的办公、住宿环境。

12 物资保障组及后期保障组每日编制的日计划报送至维保领导小组进行审核，每日工作完成后，将当日消耗的材料、防护用品、人员食宿、车辆运输、住宿及当日用工情况等统计整理，记录台账。

9.1.5 维保日报及例会

1 维保日报

1）维保日报由专人进行汇总整理，每日18:00前汇总完成；

2）维保日报按统一格式记录，各楼栋负责人将现场问题自行汇总整理后，每日17：00前交由汇总人员汇总；

3）维保日报除当日维保具体内容外，还应包括对问题的归类、分析、人员进出登记、防疫用品发放情况、需协调解决的问题、当日维保照片等内容。

2 维保例会制度

1）维保例会时间：维保例会应约定每周固定时间组织召开。

2）参会人员：维保组全体人员。

3）维保例会要求：

（1）每日例会前，维保日报需完成，在会上进行日报通报，对当日完成情况、未完成项、存在的困难、第二天需准备的资源等情况进行汇报；

（2）总结当日及前期共性问题，后期如何避免或根治，对目前难以彻底解决或反复出现的问题采取何种方式解决，进行探讨；

（3）定期召开例会，所有人员准时参会，无法参会者向组长请假并说明情况，会议发言内容单独向组长进行汇报；

（4）例会纪律须严明，会议期间手机保持静音状态，严禁随意接听电话或离场。

9.2 培训与防护

9.2.1 基本要求

维保人员作为进出隔离区的人员，在其进场前需要对其进行专业培训、心理疏导，并采取相应的防护措施与保障措施，增强维保人员的防护意识。

9.2.2 专业培训

1 维保管理人员到场后，须接受专业的技术交底，充分熟悉、掌握项目具体情况，负责具体楼栋的人员需充分了解该楼栋图纸、现场实际情况。

2 维保管理人员及工人到场后，须接受安全教育及交底，充分了解防疫相关知识及进入维保现场的施工安全注意事项。

3 每日须对维保管理人员及工人进行班前安全教育交底，强调防疫要求及施工安全注意事项。

4 进入现场的人员需接受防护用品穿戴专项培训，确保防护用品穿戴规范。

9.2.3 心理疏导

1 维保组需安排心理疏导员每天对管理人员进行询问谈话，了解管理人员心理状况，并进行相应的心理疏导，缓解心理压力，确保管理人员心理状态正常。如有心理状况异常者，立即停止其维保工作，进行心理疏导。

2 维保组每日班前对工人进行安全教育的同时，须进行一定的安抚工作，缓解工人的紧张、恐惧、抵触等不良情绪。

3　进入现场后，项目管理人员加强与工人的沟通，及时发现工人心理上的波动，予以安抚和疏导。

4　做好人员防护工作，确保防护用品穿戴到位，从根本上解除人员的紧张、恐惧、抵触等不良情绪。

9.2.4　防护措施

1　体温测量：参与维保全体人员每人发放水银体温计一个，早饭、中饭、晚饭后自行进行测温，测温后在工作群中进行上报，专人负责记录（明确具体人员），记录人员制定台账，根据上报情况进行全面统计，每日18:00前将统计结果上传工作群。

2　进出场检查：在工作区域入口处设置检查点，配备红外语音电子体温计、消毒液，进出工作区域，由专人负责进场人员体温测量、身份信息核实、进出信息登记。检查人员每日将人员进出信息及体温测量记录上传工作群。参与维保人员需统一办理工作证，无工作证人员不得进入工作区域。如有其他人员进入，由检查点人员上报主管人员，主管人员核实同意后，来访人员体温测量正常、防护用品佩戴良好后方允许进入。维修工人不得进入基地，直接由住宿地出发，完成维保作业后，再返回住宿地。

3　防护用品管理：设立个人防护用品库房，储备防护口罩不少于1000个、护目镜不少于300个、防护服不少于300套及便携式洗手消毒液，专人进行管理，建立发放台账，每日对参与维保人员发放防护用品。

4 防护用品佩戴:全体人员严格个人防护用品佩戴,进入应急(医疗)区域人员必须全天佩戴口罩、护目镜,并穿防护服。在医疗之外区域需佩戴口罩、护目镜,在住宿地房间内可不佩戴。

5 防疫卫生:维保人员进入医疗观察区前尽量少喝水,尽量避免中途去卫生间,如去卫生间,首先在洗消区进行全面洗消,更换新的口罩、护目镜、防护服后方允许重新上岗。维保人员从医疗观察区离场前需按照要求在洗消区进行全面洗消,洗消完成后更换新的防护口罩及护目镜后方允许离场。离开医疗观察区域后,维保人员注意个人卫生,及时使用便携式洗手消毒液对双手进行消毒清洗,避免使用双手揉搓面部、眼睛等部位。

6 避免人员聚集:除维保操作作业外,严禁有其他聚集活动,需要共同完成的活动应尽可能分别进行。就餐采取分散就餐,不得面对面就餐,其他相关活动人员间距离必须常保持在1m以上。

7 消毒措施:安排专人进行消毒,对工作准备区、卫生通过区、隔离区等部位每日集中消毒不小于两次。所有消毒部位设置消毒记录表,消毒人员消毒后进行登记,后勤组负责督查。

8 维保人员名单有更替时,上一批维保人员将被集体由前期居住地转至指定住宿地进行隔离观察,确保宿舍和观察区分开设置，避免人员间的交叉感染风险。

9.2.5　人员保障措施

1　工作轮换：工作组管理人员工作期1个月，工作期满后进行工作轮换，维保工人根据维保内容及要求确定是否需要轮换。

2　轮换隔离：管理人员及工人在工作轮换后进行隔离，隔离期15天。在住宿地内进行隔离，隔离区实施封闭管理，隔离人员在隔离期内不得随意进出，每日早晚两次体温测量，隔离期间生活保障由后勤保障组负责。

3　培训：进入隔离区前，维保工作组提前与接收单位人员进行沟通交流，掌握相关要求，联合接收单位负责人员对维保人员进行培训，经培训合格后允许开展维保作业。

4　工作准备区用餐：餐饮设施及配套必须按规定办理卫生许可证，并张贴在显眼处。每一位餐饮工作人员均需按要求持有健康证，并将健康证复印件张贴在显眼处。每一位工作人员工作时必须规范佩戴口罩。配有专用盥洗设备以及专用消毒洗手液，项目部每日组织人员分批、分散就餐，避免人员过于密集，排队就餐时人与人之间的距离应保持1m以上。

5　指派固定专人外出采买，返回后严格落实消毒杀菌流程后，方可进入。

9.2.6　防疫工作流程

1　指派专人每日对驻场维保人员行程进行跟踪监管，自住宿地出发至现场或办公区记录，日间进出现场、洁净区、污染区的记录，回住宿地的记录，每人每天行程记录必须完整，行程闭合。

2　所有人员每天行程必须签字确认，包括住宿地住宿、乘坐车辆信息、同行人员信息、出入信息。

3　指派专人对进入工作区域的维保人员进行体温检测，填写入场人员体温检测记录，受检人签字确认，并留存电话。

4　指派专人对在住宿地隔离的人员每日进行2次体温检测，形成体温检测记录，受检人签字确认。

5　体温检测异常人员需第一时间向维保领导组汇报，采取进一步诊断及治疗措施。

6　指派专人每日对现场办公区、住宿地进行消杀，早、晚各一次，拍照留存资料，并形成消杀记录，每日在工作群通报。

7　人员进出现场、办公区均须进行体温检测并全身消毒。

8　进入现场前由工班长进行班前交底，并签字留存，每月组织一次防疫知识培训并留存书面记录。

9　食堂厨师及工作人员必须持有健康证。

10　所有人员严格防护用品发放、领用制度。

11　进入现场防护流程。

1）穿戴流程

穿戴流程如图9-3所示。

图9-3 穿戴流程图

2）脱防护衣流程

脱防护服流程如图9-4所示。

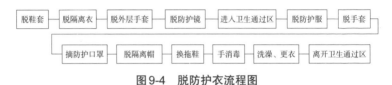

图9-4 脱防护衣流程图

12 防疫用品管理员每天发放防疫用品，形成登记台账，并督促人员规范佩戴防疫用品。

13 落实实名制管理，所有进出现场和办公区的工人及管理人员均须进行实名制信息收集，制作专属维保工作牌。维保期间无工作牌人员严禁进场。

9.3 建筑结构运维

9.3.1 基本要求

集中隔离医学观察点工程一般采用轻型结构，防渗漏和结构密闭检查维护是保障医疗空间结构的完整性和安全性的重要环节，需要定期检查维护，并对相关隐患进行排查整改。

9.3.2 建筑结构运维

1 地面：地面应平整光滑。检查是否存在污渍、积水等现象；地板接缝处是否完好无损；做好地面清洁工作，随时监测地面整洁度。

2 墙面：检查墙面是否平整，有无空鼓、断裂、开胶、掉落等现象；是否有污渍、残留物等现象；围护结构所有接缝处的密封是否完好。

3 吊顶：检查吊顶是否有破损、开裂、掉落等现象。

4 门窗：检查门窗是否能正常启闭，有无损坏、变形等异常情况，保证门窗的密闭性；定期检查门锁、门禁互锁、应急解锁等控制系统，使其保持正常运行。

5 消防设施：检查消防箱、消防带、灭火器是否配套齐全，标识是否清楚；检查消防门是否可以正常闭合，闭门器、锁具是否正常，门身是否正常。

9.3.3 运维程序

1 运维人员在安全隐患排查前，应做好防护培训、心理疏导等管理工作。安全隐患排查时，需时刻注意安全防护。

2 进入污染区作业时，必须戴医用防护口罩、医用工作帽、穿工作服及医用隔离衣、戴护目镜或防护面罩，必要时穿鞋套，要严格遵守标准预防的原则和消毒、隔离的各项规章制度。

3 运维人员每日要进行上下岗登记，统计人员的体温及身体健康状况；发现有咳嗽、发热等身体异常情况时禁止上岗，并上报领导小组备案。

4 运维人员值班室应配备消毒喷剂、洗手液，并做好清洁、通风、消毒工作。

5 安全隐患排查完成后，及时填写安全隐患排查记录表，如表9-1所示。

安全隐患排查记录表　　　　表9-1

日间巡查	防火检查	消防通道检查	安全门锁检查	可燃杂物检查	违规使用电器	安全培训检查	设备隐患排查
时分	□正常	□正常	□正常	□正常	□正常	□正常	□正常
时分	□异常	□异常	□异常	□异常	□异常	□异常	□异常
问题记录							

签字：　　　　　检查日期：

9.4 通风与空调工程运维

9.4.1 基本要求

集中隔离医学观察点空调与通风系统运维不仅要满足基本功能，还需满足设施内不同区域空气压差要求，保证气流从工作准备区→卫生通过区→隔离区流动。

9.4.2 通风系统

1 空调系统：应检查空调设备是否完好，新风阀、送风阀、排风阀开启或关闭是否正常，风阀的角度是否合理，风口及窗户的开启或关闭是否正常，通风与空调设备开启或停用是否正常。

2　工程设施的通风空调系统开启时，需遵循设备启动顺序。检查排风和送风的联锁是否正常。清洁区应先启动送风机，再启动排风机；隔离区应先启动排风机，再启动送风机；各区之间风机启动顺序依次为清洁区、半污染区、污染区。

3　随时监测送风、排风、回风系统的各级空气过滤器的压差报警，及时更换堵塞的空气过滤器，保证送风、排风风量。还需要特别注意排风的处理，排风应经过处理达标后再排入室外环境，不能让含有细菌、病毒的空气流入工作人员工作的房间，造成交叉感染。

4　随时监测送风、排风机故障报警信号，保证风机正常运行；空气处理机组、新风机组应定期检查，保持清洁。定期检查和检测空调机组内紫外线灯消毒情况。

5　新风机组定期清洗粗效滤网；新风机初、中效过滤器每周检查，新风机组亚高效过滤器宜每月检查。

6　循环机组的初中效过滤器宜每3～4个月更换一次，定期检查回风口过滤网，宜每周清洁一次，每年更换一次。如遇特殊污染，应及时更换，并用消毒剂擦拭回风口内表面。

7　应实时监测应急设施的压力梯度情况，首先要保证各压力梯度与设计相符合，可设置报警装置和压力数据记录。送排风的差值需定期检查监测。

8　每周应对正常运行的通风空调系统的过滤器、风口、空气处理机组、表冷器、加热（湿）器、冷凝水盘等部件进行清洗、消毒或更换。表冷器清洗消毒时，应先清洗，后消毒。可采用季铵盐类消毒剂喷雾或擦拭消毒，按说明书中规定用于表面消毒时的浓度进行消毒。风口、空气处理机组清洗消毒时，应先清洗，后消毒。可采用化学消毒剂擦拭消毒，金属部件首选季铵盐类消毒剂，按说明书中规定用于表面消毒时的浓度进行消毒。非金属部件首选500mg/L含氯消毒剂或0.2%的过氧乙酸消毒剂。风管的清洗消毒，应先清洗、后消毒。

可采用化学消毒剂喷雾消毒，金属管壁首选季铵盐类消毒剂，按说明书中规定用于表面消毒时的浓度进行消毒。非金属管壁首选500mg/L含氯消毒剂或0.2%的过氧乙酸消毒剂。

9.4.3 空调系统

1　对空调机组的加湿器和表冷器下的集水盘，应及时清除污物，定期清洗消毒，并按照现行国家标准《公共场所卫生检验方法　第5部分：集中空调通风系统》GB/T 18204.5进行监测。

2　在空调及通风系统运行中，应保证过滤器及时维护及更换，更换过滤器时应采取个人防护，使用过及更换下的过滤器按感染性废物处理。过滤器的维护保养周期可参照表9-2执行。

3　热交换器（表冷器或加热器）和挡水板应每季度定期用高压水进行冲洗，消毒方法符合现行行业标准《公共场所集中空调通风系统清洗消毒规范》WS/T 396相关要求。

4　对凝结水的排水点应经常检查并清洁消毒，保持清洁。

维护保养周期表 表9-2

过滤器类别	维护保养周期
新风入口处金属过滤网	宜每7天清洁一次，并做消毒处理，发现破损时及时更换，设置备用
新风机组初效过滤器	宜在阻力超过额定初阻力50Pa或每1~2周更换一次，设置库存
新风机组中效过滤器	宜在阻力超过额定初阻力100Pa或每1~2周更换一次，设置库存
新风机亚高效过滤器	宜在阻力超过额定初阻力150Pa或已经使用6个月以上时更换
循环机组初效过滤器	宜在阻力超过额定初阻力50Pa或每3~5个月更换一次，设置库存
循环机组中效过滤器	宜在阻力超过额定初阻力100Pa或每3~5个月更换一次，设置库存
送风口高效过滤器	宜在阻力超过额定初阻力160Pa或已经使用3年以上时更换
排风口高效过滤器	宜在阻力超过设计初阻力160Pa时，更换；如遇特殊传染病源污染需及时更换
排风机组中效过滤器	宜在阻力超过额定初阻力100Pa或每3~5个月更换一次，设置库存，如遇特殊传染病源污染需及时更换
回风口过滤器	宜在阻力超过额定初阻力100Pa或每2~3个月更换一次，清洁完需做消毒处理，发现破损时及时更换，设置备用，如遇特殊传染病源污染需及时更换

按现行行业标准《公共场所集中空调通风系统清洗消毒规范》WS/T 396相关要求的消毒剂使用浓度和作用时间进行操作。

5 新风机组，每日检查，保持机箱内部整洁；空气处理机组，每个月检查，保持机箱内部整洁；机组表面应保持整洁。

9.5 给水排水系统运维

9.5.1 基本要求

给水排水系统安全运行是集中隔离医学观察点设施管理的重要环节,既要保证生活给水系统安全,又要达到排放安全。

9.5.2 给水系统

1 集中隔离医学观察点设施供水,应避免系统在供水过程中受到二次污染,供水管道宜采用不锈钢管及铜管等金属管材管件。

2 按时检查断流水箱和供水泵系统或减压型倒流防止器,保证设备正常运行。

3 洗手盆的水龙头均采用感应水龙头,需定时检查感应器是否正常。

4 定期对集中隔离医学观察点的一般生活用水、生活热水和管道直饮水等给水系统做水质检测,水质检测应委托具有相应资质的第三方检测机构进行。如发现水质不合格,应分析和排查污染原因,采取保证水质安全措施,如清洗生活水箱、对冷水管道系统进行清洗消毒和对热水管道进行高温消毒等。

5 定期检查集中供应热水的稳定性,确保温度开关和温度传感器正常可靠。如采用单元式电热水器,需检查水温是否稳定且温度可调节,确保水电分离,防止触电事故。

6 饮用水系统需定时检查过滤器状态,定期更换和维护设备。

9.5.3 排水系统

1 医疗设施污染区内存在大量的病毒细菌，主要的传播途径有接触传播、呼吸道传播、消化道传播、气溶胶传播。卫生间是高危区域，卫生间下水道的气体外溢应该成为控制的重点。严格执行现行国家标准《医疗机构水污染物排放标准》GB 18466的规定，参照《医院污水处理技术指南》（环发〔2003〕197号）、现行行业标准《医院污水处理工程技术规范》HJ 2029和《新型冠状病毒污染的医疗污水应急处理技术方案（试行）》等有关要求，对污水和废弃物进行分类收集和处理，确保持续达标排放。污水应急处理的其他技术要点可参照《医院污水处理技术指南》（环发〔2003〕197号）和《医院污水处理工程技术规范》HJ 2029的相关要求。

2 在运行管理和操作人员可能接触到污水、污泥的生产区域（场所），加强卫生清扫的同时，还应对作业区、垃圾暂存区及周围环境进行喷洒消毒。运行管理人员应始终佩戴口罩和手套等防护用品，做到勤洗手、勤消毒、少触摸。

3 应急维修位于室内、井下的污水设施时，必须配有强制通风设备，需穿防护隔离服、佩戴防护口罩、护目镜及一次性防水手套，必要时配备呼吸器方可进行维修。维修完成后，对现场用4%的84消毒液进行消毒，防护服、口罩、手套按医废处理。

4 定期排查设施内所有卫生清洁器具，包括洗手盆、刷手池、洗涤池、污物池、化验盆、拖布池、大便器和小便器等。存水弯和地漏水的封密闭状态，连接洗手盆排水的下水道口周边用发泡剂或白油灰密封。

5 地漏水封的补水可采用洗手盆排水进行补水。

6 排水通气管道出口应定期进行高效过滤器更换和消毒。

7 清洁人员应加强对卫生间的清洁，每日应对卫生间的器具和地漏进行清洁消毒。

8 加强分类管理，严防污染扩散，检查排放口，确保无固体传染性废物与化学废液的弃置及倾倒排入下水道。

9 定期投放消毒剂。目前消毒剂主要以强氧化剂为主，主要可分为两类：一类是化学药剂；另一类是产生消毒剂的设备。应根据不同情形选择适用的消毒剂种类和消毒方式，以保证消毒效果。

10 制定消毒应急处理方案，分为化学药剂的消毒处理应急方案和专用设备的消毒处理应急方案。

11 化学药剂的消毒处理：

1）常用药剂：可采用含氯消毒剂（如次氯酸钠、漂白粉、漂白精、液氯等）消毒、过氧化物类消毒剂消毒（如过氧乙酸等）、臭氧消毒等措施。

2）药剂配制：所有化学药剂的配制均要求用塑料容器和塑料工具。

3）投药技术：采用含氯消毒剂消毒应遵守现行国家标准《室外排水设计标准》GB 50014的要求。投放液氯用真空加氯机，并将投氯管出口淹没在污水中，且应遵守现行国家标准《氯气安全规程》GB 11984的要求；二氧化氯用二氧化氯发生器；次氯酸钠用发生器（或液体药剂）；臭氧用臭氧发生器。加药设备至少为2套，一用一备。没有条件时，也可以在污水入口处直接投加。污水处理可根据实际情况优化消毒剂的投加点或投加量，消毒剂投放后的pH值不应大于6.5。采用含氯消毒剂消毒污水时，应采取脱氯措施后排放至地表水体。采用臭氧消毒时，在工艺末端必须设置尾气处理装置，反应后排出的臭氧尾气必须经过分解破坏，达到排放标准。

12 专用设备的消毒处理

1）污水量测算：国内市场上可提供的成套消毒剂制备设备主要是二氧化氯发生器和臭氧发生器，这些设备基本可以采用自动化操作方式，设备选型根据产生的污水量而定。污水量的计算方法包括按用水量计算法、按日均污水量和变化系数计算法等，计算公式和参数选择参照现行行业标准《医院污水处理工程技术规范》HJ 2029执行。

2）消毒剂投加量

（1）消毒剂消毒：采用液氯、二氧化氯、氯酸钠、漂白粉或漂白精消毒时，参考有效氯投加量为50mg/L。消毒接触池的接触时间不小于1.5h，余氯量大于6.5mg/L（以游离氯计），粪大肠菌群数小于100个/L。若因现有氯化消毒设施能力限制难以达到前述接触时间要求时，接触时间为1.0h的，余氯大于10mg/L（以游离氯计），参考有效氯投加量为80mg/L，粪大肠菌群数小于100个/L；若接触时间不足1.0h的，投氯量与余氯还需适当加大。

（2）臭氧消毒：采用臭氧消毒，污水悬浮物浓度应小于20mg/L，接触时间大于0.5h，投加量大于50mg/L，大肠菌群去除率不小于99.99%，粪大肠菌群数小于100个/L。

（3）肺炎患者排泄物及污物消毒方法：应按照现行国家标准《疫源地消毒总则》GB 19193相关要求消毒。

13 污泥处理处置要求：

1）污泥在贮泥池中进行消毒，贮泥池有效容积不应小于处理系统24h产泥量，且不宜小于1m³。贮泥池内需采取搅拌措施，以利于污泥加药消毒。

2）应尽量避免对人体暴露的污泥进行脱水处理，尽可能采用离心脱水装置。

3）应急集中隔离场地污泥应按危险废物处理处置要求，由具有危险废物处理处置资质的单位进行集中处置。

4）污泥清掏前应按照现行国家标准《医疗机构水污染物排放标准》GB 18466进行监测。

9.6 电气工程运维

9.6.1 基本要求

集中隔离医学观察点设施用电负荷属于一级负荷用电中特别重要的负荷，运维管理中要着重注意电气安全、应急保障等方面工作。

9.6.2 电源

1 应急集中隔离点设施用电应由城市电网提供双路电源供电，并设置应急发电机组，重点区域设置不间断电源。

2 城市电网供电

1）应定期检查变配电站电源设备的运行情况，编制适应项目自身情况的应急预案。检查每台变压器的负荷运行状态，发现是否存在过负荷运行的情况。

2）应定期检查是否有短路现象，供电电压是否符合要求，是否有缺相现象，测试各支路电流是否有异常。定期检查各配电柜及线路是否有接线处松动、线材温度异常、终端插座烧糊变色现象。

3）应定期检查各电气元件使用是否正常，接地电阻是否符合要求。

3 应急发电机组

应定期检查应急发电机组的设备完好状况；定期开机测试；定期检查发电机组的储油量是否满足最大负荷时能够稳定运行，并达到设计的时间要求；定期对机组进行清洁维护，检查机房内是否有影响机组正常运行的不利因素。

应急发电机组在投入使用时，应注意操作顺序，操作人员应与带电设备保持安全距离，并穿戴好劳动防护装备。倒闸操作要注意先后次序，如停电应先断开各分支开关，然后再断开总开关，再进行四极双投刀闸切换位置。送电时，按相反顺序进行。正常停机应先卸掉部分负载，再断总开关，最后关柴油机，不允许在未拉断总开关的情况下随柴油机熄火而自行停电。停机后对机组做常规性检查，并记录运行情况。

4　不间断电源保障

对于计算机系统及网络设备等场所和使用不间断电源UPS的各类重要的检验、实验室等场所，应检查UPS电源电池的工作状态、衰减老化程度，确保电池组容量满足后备使用时间的要求。

9.6.3　重点负荷

1　医疗设备带的电源供应

医疗设备带提供了检查治疗等相关医疗设备的终端电源供应，应保证有充足的插口和负荷。供应治疗设备的插座应接UPS专用电源。定期检查插座是否完好，测试漏电装置是否正常。

2　病房及重点科室的照明

定期检查照明灯具的运行情况，并检查应急照明设施和疏散指示灯等相关设备；开关需每日定时清洁消毒处理，可根据医疗设施情况设置掌控式照明控制系统，避免多次接触造成开关污染。

3　空调通风系统及控制系统

因通风系统在配电时就要考虑双路供应，并与其他负荷分开，消防控制系统应考虑UPS不间断电源供应。

9.6.4 紫外线灯

1 紫外线灯采取悬吊式或移动式直接照射。安装时，紫外线灯（30W紫外线灯，在1.0m处的强度大于$70\mu W/cm^2$）的数值应为每立方米不小于1.5W，照射时间不少于30min。

2 应保持紫外线灯表面清洁，每周用70%～80%（体积比）乙醇棉球擦拭一次。发现灯管表面有灰尘、油污时，应及时擦拭。

3 紫外线灯消毒室内空气时，房间内应保持清洁干燥，减少尘埃和水雾。温度小于20℃或大于40℃时，或相对湿度大于60%时，应适当延长照射时间。

4 室内有人时不应使用紫外线灯照射消毒。

5 紫外线消毒灯具需专人管理，避免对人体造成伤害。

9.6.5 智能化系统

1 电气智能化系统的运维主要包括故障诊断和故障维修，故障诊断是指确定故障原因和类型（如线路故障、设备故障、软件故障等），故障维修是指安排专业维修人员进行维修，维修时进入工作区域需要符合本指南相关要求。

2 在进行系统维护之前，应确定维护方案并明确维护步骤，同时还需要设定计划维护时间。当故障排除之后，还需要进一步测试系统的运行状态。

3 在不影响系统功能和运行稳定性的前提下，简化系统结构，更新系统设备，加强系统集成，减少运维目标在系统运维中的持续投入。通过增加警报点，减少监视盲点，建立警报联动系统，增加访问控制区和员工权限级别来改进安全技术预防系统。

例如，在排水系统中安装智能化控制系统，从而对排水系统中的污、废水池等方面进行管理，实现对排水系统中水流量的自动化控制，将信息内容与控制室主机相联系，当某处出现故障时，监控人员可以通过主机发出的信号找出问题，并及时加以解决。在消防系统中安装弱电系统进行自动化控制，当某处发生疑似消防事故时，消防联动控制主机，并在允许的时间范围内进行人为确认。如确实发生初期火灾，消防联动系统将自动切换关闭非消防电源，同时通过控制防火阀自动关闭通风系统防止火灾快速蔓延，并自动开启喷淋泵扑灭确认火灾范围内的火源。

9.7 医用气体系统运维

9.7.1 基本要求

集中隔离医学观察点医用气体系统是生命支持系统的重要组成部分，治疗中涉及大流量的医用氧气需求，并且负压吸引还是集中的传染源，应保障气源的安全性、稳定性和可靠性保障。

9.7.2 气源设置

1 一般设置两种气源：医用氧气和真空负压吸引，如设置手术室，需考虑设置氮气、二氧化碳和氩气等特殊气体。集中隔离医学观察点医用气体系统一般由各种气源系统、医用气体管道、阀门系统、医用气体终端及医用监控报警系统等组成。

2 医用气体系统的运维应严格按照现行国家标准《医用气体工程技术规范》GB 50751—2010和《医院用气系统运行管理》WS 435—2013等的要求执行。

3 医用气体管道的使用、改造和维修应参照特种行业标准《压力管道安全技术监察规程》TSG D 0001—2009的规定。

9.7.3 氧气供气系统

1 医用氧气供气系统主要由氧源（液氧储罐或制氧机）、减压器、汽化器、氧气分配器（分汽缸）、氧气汇流排（备用）、气体监报装置、二级减压系统、氧气输送管道和终端等多部分组成，每个环节都至关重要。供氧压力调节范围是0.3～0.5MPa。

2 集中隔离医学观察点隔离人员对氧气的需求量较大，供氧管道要满足设计需求，同时要配置备用气源，如氧气汇流排、氧气罐。条件允许时可设立应急供氧系统。

3 液氧储罐和汇流排需保证氧气供应和切换。留设备用汽化器和液氧瓶，考虑设立医用液氧罐车加汽化器、调压阀组现场紧急供氧维修维护预案。

4 定期检查医用气体机房与外界相通的入口门窗及防护措施。必要时可安装入侵报警和视频监控。

5 根据医用氧气的最大用量确定氧源容量，再根据氧源的供应模式、容量以及站点的数量确定操作人员班次及数量。

6 应制订医用氧气设备运行巡检的时间、巡检路线、检查内容，定期对医用氧气设备进行巡视检查，发现故障和隐患及时处理，并如实填写记录。

7 定期对减压装置、汽化器等供氧重要设备进行检查，避免影响正常供气。

8 定期检查氧气管道是否存在泄漏情况，并检查接地情况，接地电阻小于100 Ω。

9 定期检查和校验氧气压力表、阀门，做好记录。

10 应根据集中隔离医学观察点设施规模、区域等相关信息，制定氧气应急预案，保证在遇到突发事件时可以及时按照预案协调和部署，并保证医用氧气的正常供应。

11 液氧的安全使用参照《低温液体贮运设备 使用安全规则》JB/T 6898的有关规定。

9.7.4 真空负压系统

1 医用真空供应系统由真空泵、真空罐、中央控制系统、网络报警器、过滤器和管道等部件组成，真空压力调节范围为$-0.087 \sim -0.04$MPa。按照《国家卫生健康委办公厅关于全面紧急排查定点收治医院真空泵排气口位置的通知》和现行国家标准《医用气体工程技术规范》GB 50751—2012第4.4.4条对真空泵运行情况排查。

2 人员进入真空泵房（特别是使用水环式真空泵的站房）时，应根据现行国家标准《个体防护装备配备规范 第1部分：准则》GB 39800.1的规定选择个人防护装备，并做好个人防护，佩戴医用口罩、护目镜、防护服等必要防护用品，使用过的防护用品按感染性废物处理。

3　使用有防倒吸装置的负压吸引（调节）器。有条件的可更换油润式真空泵或爪式（干式）真空泵，利用泵内部高温，有助于病毒的灭活。当真空泵刚启停温度不高时，可采用小机组多台油润式真空泵或爪式（干式）真空泵的设计，减少启停时间，通过可编程逻辑控制器（PLC）设置设备的最小运行时间，保证真空泵腔内温度。感染科设置独立的医用中心吸引系统，在没有单独的医用中心吸引系统时可采用负压吸引机作为临时替代。

4　定期检查备用真空泵，保证当最大流量的单台真空泵故障时其余的真空泵系统应能满足设计流量。

5　真空泵房可使用紫外线灯每日3次，每次60min定时消毒，紫外线灯开启时应有明显的警示标识，避免人员进入。

6　使用水环式真空泵的，在机组排水口加消毒剂或加装二氧化氯发生器装置，水环式真空泵循环水箱中可添加消毒剂，水箱宜采用不锈钢材质，污水应排放至污水处理系统。

7　定期排放负压罐及排污罐内污物，污物按感染性废物处理。

8　负压排气口设置在地下室的，应将排气口引至室外。排气口设置于室外或新引至室外的，排气口不应与医用空气进气口位于同一高度，与其他建筑物的门窗间距不应小于3m，不应设置在上风口；排气口设置明显的有害气体警示标识，并划出安全区域。

9 负压排气口加装消毒灭菌装置，宜选用与排气量相符的高压蒸汽或电加热灭菌装置，以满足灭菌效率。在所有真空机组的抽气端加装过滤精度为0.01μm的除菌过滤器，并采用一用一备的方式。已安装了除菌过滤器的，应对滤芯及时进行更换。细菌过滤器建议配压差传感器，有助于及时发现过滤器失效并及时更换；使用过的细菌过滤器滤芯应按感染性废物处理。

10 病房应选用防倒吸装置的负压吸引（调节）器，并及时对负压吸引器进行清洗消毒处理。

9.7.5 气体管道及终端

1 根据医用气体管道系统的运行特点，每月至少一次对医用气体管道进行安全检查，包括医用气体温度、压力、流量、纯度是否正常，有无漏气现象。

2 按照医用气体管道系统运行要求制订巡检时间、路线和检查内容。巡视人员检查发现故障和隐患时，应根据故障实际情况进行应急处理，并如实填写相关记录。

3 医用气体管道井门应保持锁闭，进入管道井前，应先打开管道井门，保持空气流通后方可进入。

4 医用气体管道应有明显标识，标识应包括气体的中英文代号、颜色标记、气体流动方向的箭头及气体工作压力。

5 定期检查医用气体终端的标识代号，检查压力是否符合设计要求，是否有漏气状况。

9.8 风险等级与措施

9.8.1 基本要求

维保工作重点是保障各个系统使用安全、功能正常，保障正常运营的需要，因此，需要针对不同系统的故障风险划分等级并制订措施，确保正常运行。

9.8.2 风险等级

机电工程由以下各系统组成：

1 给水排水系统：给水系统、排水系统、消火栓系统。

2 变配电及照明系统：变配电系统、动力系统、照明系统、备用电源系统（柴发）。

3 通风及空调系统：室外新风系统、室内排风系统、室内空调系统。

4 弱电系统：网络系统、闭路电视系统。

5 供氧及医疗设备系统：室外供氧站、室内医疗设备带。

根据各系统的使用功能、频繁程度、故障影响程度，将机电系统故障风险划分为四类，详见表9-3。

9.8.3 应对措施

对上述系统维护保养采取"维护保养与计划检修相结合"的原则，将故障率降到最低，使机电设备正常发挥应有的性能，为正常营运创造一个良好的环境，主要应对措施如表9-4所示。

故障风险划分 表9-3

序号	风险类别	划分依据	系统类别
1	一类	使用频率高，影响病人或医护人员安全	1.电力供电系统（主供电系统及医用设备供电回路）。 2.电力备用电源系统（备用电源切换）。 3.供氧及医疗设备系统（室外供氧站及室内医疗设备带）。 4.新风、排风系统（室外新风机及室内排风机）。 5.消火栓系统（室内消火栓）。 6.压差监控系统（压差表）
2	二类	使用频率高，影响功能使用	1.室内空调（室内机及相应电气回路）。 2.室内热水器（室内机及相应电气回路）。 3.电力照明系统（普通照明系统及紫外线消毒灯回路）
3	三类	使用频率高，影响舒适性	1.排水系统（排水主干管及末端洁具）。 2.给水系统（末端洁具，尤其是龙头供电）
4	四类	使用频率一般，影响舒适性	网络系统及电视系统

不同风险类别的应对措施 表9-4

序号	风险类别	应对控制措施
1	一类	1.电力供电系统。常发故障为电力回路断电、元器件烧毁。一是备足备件，二是增加巡检频率，三是厂家驻场排障。 2.电力备用电源系统。暂未发生故障，若发生故障，需要工厂及时响应。 3.供氧及医疗设备系统。常发故障为设备带缺电、设备带无氧气。一是进行供电回路巡检，二是进行供应管道巡检。 4.新风、排风系统。常发故障为皮带更换、电机烧毁、新风机入口进垃圾。一是备足备件，二是增加巡检频率，三是厂家驻场排障。 5.消火栓系统。常发故障为消火栓系统无水。加强给水系统巡检频率，及时排障。 6.压差监控系统。暂无故障，应对措施为日常巡检，及时排除故障

续表

序号	风险类别	应对控制措施
2	二类	1.室内空调。常发故障为主板烧毁,一是备足备件,二是进行动力回路检修。 2.室内热水器。常发故障为主板烧毁,一是备足备件,二是进行动力回路检修。 3.电力照明系统。常见故障为灯管烧毁,一是备足备件,二是值班人员及时更换
3	三类	1.排水系统。常发故障为管路堵塞,一是告知病房人员不要丢杂物至末端洁具,二是维保人员及时疏通。 2.给水系统。常发故障为水龙头断水,备足电池。花洒损坏,备足备件及时更换
4	四类	网络系统及电视系统。常发故障为电视机坏,应对措施为备足备件,及时排除故障
5	共性问题	各设备工厂相应措施: 1.指定24h维保值班人员。 2.充分准备维修备用零件及维修工具

⑩ 附　录

10.1　有关案例

10.1.1　案例一

1　工程概况

本项目位于西安市，主要由A、B两个区域地块共21个单元隔离楼及室外管网、道路、围墙等配套工程组成。由陕西建工集团有限公司总体负责室外围墙施工及南区的施工，南区包括A1检录办公室及B1～B12隔离楼。

1）项目总建筑面积26604.13m²，容积率0.19，建筑密度9.84%，设置地面停车位，停车位数量为72个小车位和14辆大巴车位，建筑使用寿命2年。

2）隔离区建筑面积：22396.30m²，间数890间；不超过300间为一隔离单元。

（1）宿舍建筑面积：2347.75m²，间数92间；

（2）办公食堂建筑面积：1444.76m²，间数83间；

（3）检录办公房建筑面积：253.01m²；

（4）隔离区工作人员入口建筑面积：108.09m²；

（5）门房建筑面积：54.21m²；

（6）集装箱模块尺寸为6055×2990×2896（长×宽×高）。

3）开竣工日期：2022年1月3日开工，2022年1月7日通过竣工验收。

4）本工程结构形式为箱式板房结构临时性建筑。

2 安装工程主要内容

包括建筑给水排水和建筑电气、智能建筑工程。建筑给水排水包括：生活给水系统、污水系统和灭火器配置；建筑电气包括：电气照明安装和接地安装；智能建筑包括：火灾报警系统。

3 完成施工合同内容情况

本工程2022年1月3日开工，2022年1月7日竣工，经过项目部全体管理人员和广大职工的努力奋战，已经完成施工合同（包括设计变更）范围内所有土建、水电、设备安装等工作。

4 某隔离点项目平面布局

参见图10-1。

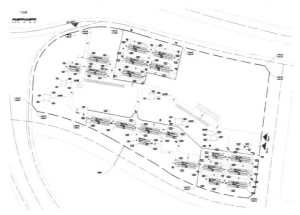

图10-1 某隔离点项目平面布局

5　运维保障方案

成立领导小组及各个专业小组

1）工程交工验收后，立刻启动"工程运维保障程序"，定期进行回访并做好记录，及时了解工程竣工后的使用情况和质量情况，掌握第一手材料厂，以便在以后的工作中加以改进，工程一旦出现质量问题，将24h内到位进行修理、维护直至工程合格，为接收单位提供服务。

2）主要人员组成：

总协调人：×××，联系电话：×××

总负责人：×××，联系电话：×××

具体维修保障人员提供24h服务详细名单如表10-1所示。

维保障小组的工作原则及标准是站在工程功能性的立场上考虑问题、解决问题，把应急工程的功能性需求作为首要因素，信息交流畅通，反应快速准确，保证应急工程的运维平稳。

维修人员服务详细名单　　　　　　　　表10-1

序号	专业小组	岗位	姓名	联系方式
1	工作组	组长	×××	××× ××× ×××
2		土建	×××	××× ××× ×××
3		弱电	×××	××× ××× ×××
4		水电	×××	××× ××× ×××
5		消防	×××	××× ××× ×××
6	物资保障组	组长	×××	××× ××× ×××
7		综合协调	×××	××× ××× ×××

续表

序号	专业小组	岗位	姓名	联系方式
8	物资保障组	材料员	×××	××× ××× ×××
9		材料员	×××	××× ××× ×××
10		材料员	×××	××× ××× ×××
11	操作组	组长	×××	××× ××× ×××
12		作业班组	×××	××× ××× ×××
13		作业班组	×××	××× ××× ×××
14		作业班组	×××	××× ××× ×××
15		作业班组	×××	××× ××× ×××
16	后勤保障组	组长	×××	××× ××× ×××
17		综合协调	×××	××× ××× ×××
18		物资员	×××	××× ××× ×××
19		交通专员	×××	××× ××× ×××
20		防疫专员	×××	××× ××× ×××

6 运维保障期限

1）运维保障期限按照合同要求和国家规定执行。按法律、法规或国家关于工程质量保修的有关规定，对交付使用单位的工程在保修期内承担完全质量保修责任。并在工程竣工前，排查消除所有存在的问题并及时整改，与建设单位签订《工程质量保修书》。

2）在运维保障期内，派驻专项维修保障人员，保修期内出现的任何质量问题，在收到维修问题后随时赶至现场，及时妥善处理，并严格遵守该区域内的防疫要求，按照相关要求进行后期维修。

7 运维保障内容

1）工程完工时，集团公司负责缺陷责任期内对工程的维护工作。

缺陷责任期内，工程回访与保修小组要定期对所建工程进行全面、仔细的组织检查，遇地震、暴风等不可抗拒的自然灾害后要随时组织检查；对出现的工程缺陷要登记清楚，分析原因，及时向业主上报缺陷数量、缺陷范围、缺陷责任及原因，并立即组织维修。

2）缺陷责任期限内工程的维护，要在不影响正常使用的情况下进行，根据疫情防控需要必要时采取可行的防护措施，确实需要中断交通时，必须在业主同意后方可进行。

3）各项缺陷的修复必须符合规范要求并取得业主的认可。

4）缺陷责任的维护分两种情况，若因本公司施工质量问题造成的，本公司自己拿出修复方案并报业主批复后立即实施，若属非本公司责任造成的缺陷，本公司将及时上报业主，并按照业主批复的方案组织维修。缺陷责任期内本公司成立的维护小组，将保证各种设施正常运行。

5）维修保护物资，集团公司确保各种设备储备充足以备紧急更换。配有：床、被套、枕套、被芯、枕芯、保护垫、床垫、床头柜、窗帘、电视及遥控、衣柜、写字台、椅子、热水器、电热水壶、空调、集成卫浴（包含：台盆、坐便、花洒、镜子、毛巾杆）、PVC管、PPR管、BVV线、手动报警按钮、开关插座面板等相关零配件。

6）集团公司技术组对于维修过程中维修难度较大的问题，24h全程提供远程技术保障，确保用户满意。

8 运维保障方案准备工作

1）场地准备：保证现场所有维修保障人员单人单住，在场地范围内东北角安装30间活动板房，供维修保障工作小组及作业班组住宿、浴室、厕所等功能房间。所有维修保障人员的饮食统一配送。

2）防疫防护物资准备：提前采购防护服、口罩、医用消毒酒精、消毒洗手液、防护面罩等物资，保证所有维修保障人员穿戴齐全后方可进入现场维修。

9 运维保障方案实施

工程投入使用后，配套运维保障人员及时提供服务，接到接收单位通知后，根据情况随时到场进行配合。

10.1.2 案例二：西安市高新区疫情防控集中隔离点

1 项目位于三堰路以南、堰渡大道以西，规划建设由隔离区、卫生通过区、工作准备区和停车场等功能组成。本项目规划用地面积98亩，分两期建设，一期占地75亩，二期占地23亩，包括隔离房间、配套服务设施、停车场以及出入场地的主通道，项目采用箱形集装箱式结构建造。隔离区建筑面积共26316m²，由18栋隔离用房单元和垃圾暂存等组成，每栋隔离用房单元配建58间隔离居室以及医护人员配套服务用房，配备警务、服务、垃圾暂存、洁具储藏各1间，室内楼梯1部和室外楼梯2部。卫生通过区设单层建筑1栋，建筑面积

210m², 包含物资通道、更衣、淋浴、卫生间、缓冲等空间。工作人员准备区由综合办公楼（一层食堂、二层办公）、宿舍、物资库组成。综合办公楼1栋，建筑面积1016m²; 工作人员宿舍2栋，建筑面积2032m²; 物资库2栋，使用原有单层建筑，建筑面积2332m²。在进场入口处设置集中停车场，占地面积约11000m²，地面使用沥青混凝土地面，共计379个停车位，其中救护车车位39个、大巴车停车位10个、小汽车停车位330个。

2 每个隔离房间配备单人床位，集成卫浴一套，空调、电视以及无线网络系统，隔离房间的卫生间设置机械排风装置，通过管道后高空排放。按隔离单元设置紧急呼叫系统。一期、二期楼间距均大于12m，满足隔离用房楼距要求。

3 室外给水系统以市政自来水为水源，由隔离点北侧、东侧的市政给水管网上分别引入一根DN100给水管引入，给水主管上设水表计量，设倒流防止器防止回流污染。市政压力0.3MPa。进入隔离点后主管环绕A、B区，C区给水由B区西侧DN100环网供给（图10-2）。

1）最高日用水水量495.00m³，最大时用水水量47.44m³;

2）室外生活给水埋地管道采用PE管，电熔连接；压力级别1.0MPa，地面以上管线选用PPR管，热熔连接，外包32mm厚橡塑保温管壳；

3）给水管道上阀门DN≤50采用内螺纹连接全铜截止阀，DN>50采用法兰连接铜芯闸阀，压力等级为0.6MPa，给水

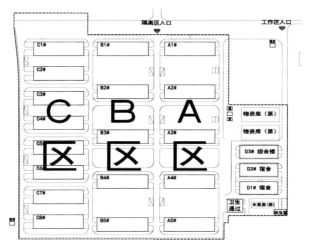

图 10-2　西安市高新区疫情防控集中隔离点平面图

管均按0.002的坡度坡向立管或泄水装置；

4）生活给水试压方法应按相应的规范规程执行，试验压力为0.6MPa。水压试验的试验压力表测试点应位于系统或试验部分的最低部位。

4　隔离用房为严重危险级，A类火灾种类，最低配置基准为3A，配置种类为手提式MF/ABC5，最大保护距离为15m，室外消火栓用水量为40L/s，火灾持续时间2h，消防总用水量为288m³，隔离点东南角设置箱泵一体化设备，其中设置水箱一个，有效容积为288m³，设置室外消火栓泵2台，一用一备，设置稳压装置一套，维持平时管网压力。

1）室外消防埋地管道采用PE管，电熔连接；压力级别1.6MPa；

2）室外消火栓采用地上式消火栓SS150/65型，其压力级别采用1.6MPa。根据管道埋深的不同，施工分别按国标《室外消火栓及消防水鹤安装（闸阀套筒式、支管浅装）》13S201-P15、《室外消火栓及消防水鹤安装（闸阀直埋式、支管浅装）》13S201-P17和《室外消火栓及消防水鹤安装（有检修阀、干管安装）》13S201-P25等图集执行。

10.2 附表

参见表10-2、表10-3。

某某某项目成本统计分工表　　　　表10-2

序号	费用类别	分项内容	岗位	责任人	填写表格
1	汇总表	成本汇总	生产经理、商务经理		附件1①
2	人工费	劳务考勤及照统计	生产经理、栋号长		附件2
3	材料费	现场材料统计	材料员		附件3
4	机械费	现场机械统计	机械员		附件4
5	措施费	措施费用汇总	生产经理		附件5
		生活物资、办公、住宿	综合办科员		附表
		厨房物资、租车	综合办科员		附表
		防疫物资统计	防疫专员		附表
		临建及安文设施	材料员		附表
		水电费	电工		附表
6	甲指分包	分包协议签订	项目经理		附件6
7	运维保障	保障费用及依据收集	生产经理		附件7

注：①本书附件可扫描版权页二维码查看。

某某某项目总价汇总表 表10-3

序号	工程内容	单位	数量	合计（元）	单方指标	备注
	某某某项目	m²				
		包厢间个数				
1	小计	项	1			
1.1	人工费	项	1			
1.2	材料费	项	1			
1.3	机械费	项	1			
1.4	措施费	项	1			
1.4.1	生活物资、办公、住宿	项	1			
1.4.2	厨房物资、租车	项	1			
1.4.3	防疫物资统计	项	1			
1.4.4	临建及安文设施	项	1			
1.4.5	水电费	项	1			
2	专业分包费	项	1			
3	维保费用	项	1			
4	规费	项				
5	酬金	项				
6	税金	项	9%			
	合计